电磁环境效应试验技术

潘晓东　万浩江　卢新福　魏光辉　编著

哈尔滨工业大学出版社

内 容 提 要

本书系统地介绍了电磁环境效应试验技术。全书共7章,主要包括传输式电磁环境试验系统与效应试验方法、辐射式电磁环境试验系统与效应试验方法、电波混响室试验系统与效应试验方法、基于干扰概率统计特性的混响室测试方法、差模定向注入效应试验方法、大电流注入等效辐照效应试验方法和强电磁脉冲试验系统与效应试验方法。

本书可供从事电磁环境效应与防护技术研究的人员参考阅读,也可作为高校相关专业高年级本科生、研究生教材。

图书在版编目(CIP)数据

电磁环境效应试验技术/潘晓东等编著.
—哈尔滨:哈尔滨工业大学出版社,2024.1(2024.12重印)
ISBN 978 - 7 - 5767 - 1144 - 8

Ⅰ.①电… Ⅱ.①潘… Ⅲ.①电磁环境-环境效应
-试验 Ⅳ.①X21-33

中国版本图书馆 CIP 数据核字(2024)第 002004 号

策划编辑 薛 力
责任编辑 薛 力
封面设计 刘 乐
出版发行 哈尔滨工业大学出版社
社 址 哈尔滨市南岗区复华四道街 10 号 邮编 150006
传 真 0451 - 86414749
网 址 http://hitpress.hit.edu.cn
印 刷 哈尔滨起源印务有限公司
开 本 787 mm×1092 mm 1/16 印张 12.5 字数 324 千字
版 次 2024 年 1 月第 1 版 2024 年 12 月第 2 次印刷
书 号 ISBN 978 - 7 - 5767 - 1144 - 8
定 价 68.00 元

前　言

随着大功率用频装备的不断增多以及电子战系统、电磁脉冲弹和高功率微波武器的快速发展,未来信息化战场有限空间的电磁环境将日趋复杂恶劣。复杂恶劣的电磁环境常常会导致装备出现干扰、降级、失效、毁伤等效应现象,武器装备能否在复杂恶劣的电磁环境下正常发挥其应有的作战效能,将直接关系到战争的胜败。

电磁环境效应试验是考核武器装备抗电磁干扰和损伤的最终环节,是武器装备在复杂恶劣电磁环境下能否正常发挥其作战效能和具备战场生存能力的重要保障,是决定复杂恶劣电磁环境下能否取得战场主动权和克敌制胜的关键因素,因此,其对武器装备的发展建设起着至关重要的作用。

目前国内外尚未完全形成完整、规范、有效的电磁环境效应试验方法,很多试验项目受制于试验手段而无法进行,导致武器系统实际抗电磁干扰、损伤能力难以定量评价,容易出现分系统试验合格、整系统在复杂恶劣电磁环境不能正常工作等问题。特别是新一代信息化武器装备,任务功能多、综合程度高、工作组合极其复杂,现有试验技术更是难以全面考核其电磁环境适应性。

本书系统梳理了用于开展装备电磁环境效应试验的理论、方法及关键技术,既包括了传统的基于 GTEM 室、开阔试验场、电波暗室和电波混响室的电磁环境效应试验技术,也包括了作者所在课题组近几年在强场电磁辐射等效试验技术方面的最新研究成果;既包括了连续波电磁环境效应试验技术,也包括了强电磁脉冲效应试验技术。

全书共 7 章。第 1 章,基于 GTEM 室标准测试场地,主要介绍传输式电磁环境试验系统与效应试验方法;第 2 章,基于开阔试验场和电波暗室标准测试场地,主要介绍辐射式电磁环境试验系统与效应试验方法;第 3 章和第 4 章,基于电波混响室标准测试场地,主要介绍了电波混响室试验系统与效应试验方法和基于干扰概率统计特性的混响室测试方法;第 5 章和第 6 章,针对天线、同轴线缆和低频线缆耦合通道强场电磁辐照等效试验的问题,创新提出了差模定向注入效应试验方法和大电流注入等效辐照效应试验方法;第 7 章,针对核电磁脉冲、雷电电磁脉冲和超宽带电磁脉冲 3 类典型强电磁脉冲辐射环境,主要介绍了强电磁脉冲试验技术与相关效应试验方法。

本书对开展武器装备电磁环境效应试验具有重要的参考价值,对于其他与电磁环境适应性、电磁安全裕度评估等相关问题的研究亦具有参考意义。

限于作者的水平和写作经验,书中难免存在疏漏和不足之处,敬请读者批评指正。

作　者
2023 年 7 月于石家庄

目　　录

第1章 传输式电磁环境试验系统与效应试验方法

电磁环境效应主要是指电磁环境对人员、设备、系统和平台的工作能力的影响,包括电磁兼容性、电磁干扰、电磁易损性和电磁脉冲等多个领域。对于电子设备或系统而言,依托电磁环境模拟试验系统开展电磁环境效应试验是评估其在电磁环境中能否正常工作的最直接、最有效的手段,对电磁环境效应机理与控制研究意义重大。本章聚焦电磁环境效应试验中最常用的传输式电磁环境试验系统,从该类试验系统的基本组成出发,介绍其工作原理,阐述基于传输式电磁环境试验系统的效应试验方法,并结合具体试验案例分析给出某典型电子设备的电磁环境效应。

1.1 试验系统组成及工作原理

传输式电磁环境试验系统是指电磁能量在场形成装置内以传输的方式模拟产生射频电磁环境,进而对武器装备开展电磁辐射效应研究的试验系统。该类试验系统具有场形成效率高、对外界环境电磁污染小、不易受外界环境电磁干扰影响等优点,主要用于开展武器装备分系统的连续波强场电磁辐射效应试验(也可用于发射测试),考核武器装备分系统在调幅、调频、调相等连续波信号强场环境下的电磁环境适应性。

1.1.1 试验系统的组成

传输式电磁环境试验系统主要由测试场地和测试仪器两部分组成,典型的试验系统构成如图 1.1 所示。

1. 测试场地

测试场地是试验所需电磁环境的形成场地。为了避免受试设备与(Equipment Under Test,EUT)外界电磁环境之间的相互影响,传输式电磁环境试验系统的测试场地一般位于特定的场形成装置内部,主要包括横电磁波室(Transverse Electromagnetic cell,TEM 室)和吉赫兹横电磁波室(Gigahertz Transverse Electromagnetic cell,GTEM 室)等。其中,TEM 室是美国国家标准局于 1974 年首先提出的用于电磁兼容测试的同轴波导装置,具有结构简单、成本低、场分布均匀、屏蔽性能好等特点,其主要缺点是可用频率上限与可用空间之间存在矛盾,主要用于小型设备的电磁兼容测试;相比于 TEM 室而言,GTEM 室的工作频率范围更宽、试验空间更大,应用更加广泛。此处主要介绍以 GTEM 室作为测试场地的传输式电磁环境试验系统,关于 GTEM 室的详细介绍参见第 1.2 节。

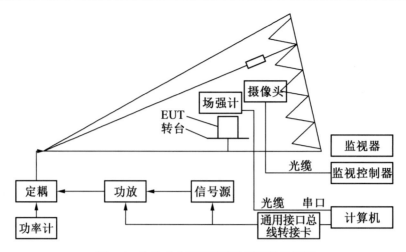

图 1.1　传输式电磁环境试验系统连接框图

2. 测试仪器

根据受试设备和试验项目的不同,传输式电磁环境试验系统所需的测试仪器会有所不同。一般而言,相关测试仪器主要包括信号源、功率放大器(简称功放)、定向耦合器(简称定耦)、功率计、场强计、监视系统和计算机控制系统等,如图 1.1 所示。上述仪器设备基本上可以划分为两大类:一类是电磁信号产生设备;另一类是信号监测和辅助设备。其中,信号源、功率放大器就属于电磁信号产生设备;定向耦合器、功率计、场强计、监视系统、计算机控制系统等属于信号监测和辅助设备。

为了达到测试目的,测试仪器的工作频率范围、动态范围、灵敏度等性能应满足试验项目的要求。比如,信号源、功率放大器、定向耦合器、功率计、场强计的工作频率范围必须匹配,且能覆盖所需的试验频率范围;信号源应具有规定的调制方式;信号源和功率放大器的谐波应尽量小,产生的各次谐波频率场强应比基波场强至少低 6 dB;定向耦合器应具有较小的插入损耗和合适的耦合度;功率计、场强计应具有足够的量程和动态范围,确保监测设备在试验过程中不会被损毁。

1.1.2　试验系统的工作原理

参照图 1.1 所示,传输式电磁环境试验系统的工作原理是:第一,根据试验要求,采用信号源产生小功率的连续波或其调制信号;第二,利用宽带功率放大器将这个小功率信号进行功率放大,得到大功率连续波或其调制信号;第三,通过定向耦合器将大功率信号馈入 GTEM 室的输入端口;第四,大功率信号在非对称矩形传输线结构的 GTEM 室内部传输时,就会在其芯板和底板之间形成高强度辐射场环境。将受试设备置于这个辐射场环境中,就可以开展强场电磁辐射效应试验。

在整个试验系统中,定向耦合器一方面用于大功率信号的低损耗传输,另一方面对系统传输的前向信号和后向信号进行采样,以便于功率计等设备进行监测;功率计用于配合定向耦合器测量系统前向功率和反向功率的大小,以监测试验系统的工作状态;场强计则用于监测 GTEM 室内部辐射场强的大小;监视系统用于视频观察受试设备的工作状态;计算机控制系统则主要用于实现试验系统的自动化测试。

基于 GTEM 室内部形成辐射场的工作原理,传输式电磁环境试验系统产生的辐射场的极化方向一般为垂直极化,频率范围可覆盖 DC~18 GHz,辐射场强在 GTEM 室尖端附近测试区域可达 1 000 V/m。

1.2　GTEM 室

1.2.1　GTEM 室的由来

GTEM 室是用于电磁发射和敏感度测量的一种标准测试场地,起源于 20 世纪 80 年代,由 D. Konigstein 和 D. Hansen 发明,是针对 TEM 室工作频带窄、有效工作空间小等问题发展而来的,目前被 GJB151B、IEC 61000-4-3 和 IEC 61000-4-20 等标准采用,典型的 GTEM 室实物照片如图 1.2 所示。

图 1.2　典型 GTEM 室实物照片

TEM 室是基于人们对电子产品简单便捷的电磁兼容检测需求发展起来的,其结构示意图如图 1.3 所示。从图 1.3 中可以看出,TEM 室是一个具有矩形双导体传输线结构的同轴波导装置,导体两端被削制成锥形。TEM 室的传输线是闭合的,它有一个输入测量端口和一个输出测量端口,它的锥形端经过中段的过渡与 50 Ω 端口同轴连接器相匹配。在电磁辐射效应试验中,TEM 室的输入端接信号源和功率放大器,输出端接 50 Ω 的匹配负载,这样在 TEM 室的内、外导体板之间便能产生一个横向电磁波(平面波),受试件安置在 TEM 室的中隔板(内导体板,一般称为芯板)与接地平板之间,TEM 室可以提供的可用试验空间在高度上近似为芯板与接地平板距离的 1/3、在宽度上近似为 TEM 室宽度的 1/3,而且这个结果几乎还可以推至 1/2。在一个典型的 TEM 室中,它仍可能保持并获得一个 ±1 dB 的场均匀度。

尽管 TEM 室具有结构简单、制造成本低等优点,但从图 1.3 中可以看出,TEM 室的可用试验空间被芯板隔开,这将使受试设备的尺寸大大受到限制。另外,由于 TEM 室自身结构的特点,其可用频率上限与可用试验空间之间还存在矛盾。标准 TEM 室的测量尺寸大约限定在设计的最小工作波长的 1/4 范围,更大的受试件尺寸意味着更低的可用频率范围。传统 TEM 室的可用频率范围一般在 1 GHz 以下。

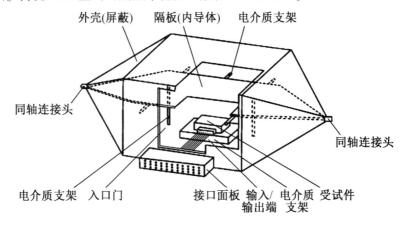

图 1.3　TEM 室结构示意图

为改进 TEM 室的不足,GTEM 室应运而生,并立即引起了世界各国的重视,其结构示意图如图 1.4 所示。通过特殊的结构设计,GTEM 室的工作频率范围可从直流至数吉赫兹以上,内部可用测试空间大,对受试设备大小的限制与频率无关,既可以用于电磁辐射敏感度测试,也可进行电磁辐射发射测试,该装置及技术为现代电磁兼容的性能评估与测定提供了强有力的手段。由 GTEM 组成的电磁辐射敏感度测试系统、电磁辐射发射测试系统较之在开阔场地、屏蔽暗室中采用天线辐射、接收等测试方法可节省大量资金,同时对外界环境条件无特别要求。由于 GTEM 室所需配置的仪器设备简单、效率高、可数倍地提高测量速度,所以易实现自动化测量。20 世纪 90 年代以来,GTEM 室以其独特的优越性得到了广泛的应用,许多先进国家的军用工业标准均推荐采用此项技术。

由于是从 TEM 室改进发展而来,GTEM 室同样存在一些不足:一是由于芯板等结构为固定式设计,极化方向不可调节(垂直极化);二是 GTEM 室内部测试空间受限,通常为芯板与底板之间高度的 1/3。

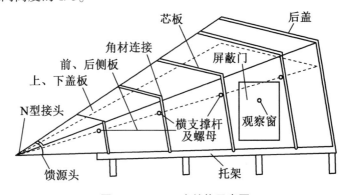

图 1.4　GTEM 室结构示意图

1.2.2　GTEM 室基本结构与原理

GTEM 室采用同轴及非对称矩形传输线设计原理,为避免内部电磁波的反射及产生高阶模式和谐振,总体设计为尖劈形。GTEM 室只有一个输入端口(与 TEM 室相比,没有输出端口),采用同轴接头设计,而后渐变至非对称矩形传输以减少结构突变所引起的电波反射。GTEM 室的内部有一个偏置的隔板(芯板)作为中心导体,终端连接负载。为了使 GTEM 室内部达到良好的阻抗匹配与较大的可用体积,选取并调测了合适的尖劈角度、芯板宽度和非对称性。GTEM 室的性能与终端负载关系密切,终端负载失配会使 GTEM 室内产生较大的电磁反射,影响小室工作区域内电磁场分布的均匀性。因此,GTEM 室的终端负载必须有良好的宽带匹配性,而这种宽带匹配负载由电阻性负载与分布式吸收负载两部分而成。图 1.5 为 GTEM 室终端页载结构示意图。

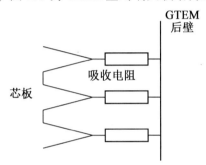

图 1.5　GTEM 室终端负载结构示意图

GTEM 室的中心导体连接的是电阻性负载。当频率处于数兆赫兹以下时,只需要一个吸收电阻即可;当频率升高,特别是达到吉赫兹时,需要采用多电阻并联。锥形段的远端连接分布式吸收负载(吸波材料),按损耗机制可以分为电损耗型和磁损耗型。常用的电损耗型吸波材料是由聚氨酯角锥渗入一定浓度的碳粉制成(尖劈);磁损耗型吸波材料主要是铁氧体材料,其吸收电磁波的主要机理是介电损耗和涡流损耗。由此,GTEM 室在从直流到几十吉赫兹的范围内就可以提供一个宽带的匹配终端。

GTEM 室锥形段的张角通常较小,这样可以保证传播中的横电磁波建立起的场方向图具有较大的球对称性。出于实际测试的考虑,在 GTEM 室中传播的波可以近似地认为是一种 TEM 平面波,如图 1.6 所示。

GTEM 室中的电场强度与从同轴接头输入的信号电压 U 成正比,与芯板距底板垂直距离 h 成反比:

$$E = \frac{U}{h} \tag{1.1}$$

在 $R = 50\ \Omega$ 的负载匹配系统里,芯板对底板的电压 U 与同轴接头的信号输入功率 P 之间的关系满足:

$$P = \frac{U^2}{R} \tag{1.2}$$

即

$$U = \sqrt{RP} = \sqrt{50P} \qquad (1.3)$$

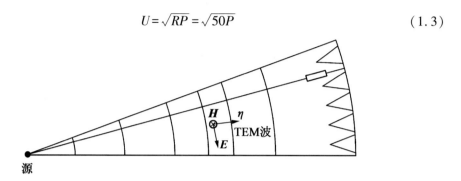

图 1.6　GTEM 室中电磁波的传播

故 GTEM 室中的电场强度大小 E 可表示为

$$E = (50P)^{1/2}/h \qquad (1.4)$$

如考虑实测值与理论值之间的差异,上式还应乘一个系数 k。因此实际的电场强度是

$$E = k(50P)^{1/2}/h \qquad (1.5)$$

从上式可见,若在 GTEM 室注入同样的功率,芯板的位置距底板的距离越近(h 值越小),则可获得的场强越大;若产生相同的场强,较大空间处(h 值越大)需要的输入功率亦较大。上述结论表明,对于较小的受试品,可以把受试品放在 GTEM 室中比较靠前的位置,这样用比较小的信号输入功率,就可以得到足够高的电场强度。注意,受试品的高度不能超过选定位置芯板与底板间距的 1/3。

1.2.3　GTEM 室基本参数和性能测试

1. GTEM 室的张角

GTEM 室张角计算三视图如图 1.7 所示。

通常情况下,GTEM 室的张角 $\theta = 20°$,$\gamma_1 = 5°$,$\alpha = 15°$ 左右,$a/b = 1.5$,具体值由计算获得,计算结果以能够保证 GTEM 室的特性阻抗为 50 Ω 为标准。关于 GTEM 室张角的相关计算公式如下

$$\alpha = \tan^{-1}\left[\frac{a}{b}\tan\left(\frac{\gamma}{2}\right)\right] \qquad (1.6)$$

$$\beta = \tan^{-1}\left[\frac{w}{a}\tan\alpha \cdot \cos\left(\frac{\gamma}{2}-\gamma_1\right)\right] \qquad (1.7)$$

$$\gamma_1 = \frac{\gamma}{2}-\tan^{-1}\left[\frac{b_2-b_1}{b}\tan\left(\frac{\gamma}{2}\right)\right] \qquad (1.8)$$

2. 特性阻抗

GTEM 室的特性阻抗可以由保角变换、GREEN-变分法等解析求得,其特性阻抗的半理论、半经验公式为

$$Z_0 = \frac{94.15}{0.5\left(\dfrac{w'}{h} + \dfrac{t}{g}\right) + \dfrac{C_f}{\varepsilon_0}} \qquad (1.9)$$

式中，C_f/ε_0 的值在 $0.4 \sim 1$ 之间，这是一个很实用的公式。

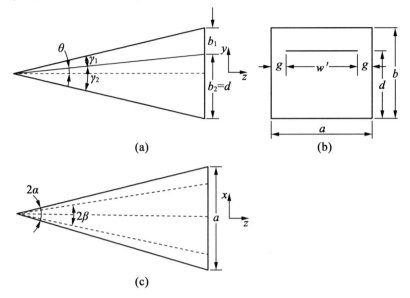

图 1.7　GTEM 室张角计算三视图

更实用的方法是使用电磁场仿真软件求解 GTEM 室单位长度的截面分布电容，特性阻抗与分布电容之间的关系满足

$$Z_0 = \frac{1}{c_0 C} \qquad (1.10)$$

式中，c_0 为真空中的光速；C 为截面电容，可用二维截面内由隔板充电电压 V 和能量分布 W 求得。

$$W = \frac{1}{2} C V^2 \qquad (1.11)$$

$$W = \frac{1}{2} \int \varepsilon E^2 \qquad (1.12)$$

由此，使用二维有限元分析软件求得截面的场分布即可求得能量，进而求得截面电容，最后求得 GTEM 室的特性阻抗。

图 1.8 为 GTEM 室横截面的结构示意图。对于图 1.8 所示 GTEM 室横截面，建立二维有限元模型。设置 GTEM 室的宽高比为 $a/b = 9/7$，外壁和中心隔板均为电良导体（PEC）条件，假设中心隔板电位为 1 V，外壁的电位为 0 V，分析 GTEM 室芯板的位置和受试设备大小对 GTEM 室特性阻抗的影响。

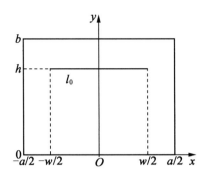

图 1.8　GTEM 室横截面结构示意图

固定 GTEM 室的高度和宽度以及芯板的宽度,改变芯板在 GTEM 室的垂直位置, GTEM 室的特性阻抗将发生变化。图 1.9(a)是 GTEM 室的芯板宽度和 GTEM 室宽度之 比 w/a 分别是 0.57、0.64、0.75 时,利用有限元法计算的 GTEM 室的特性阻抗随芯板相 对高度的变化曲线。固定 GTEM 室的宽度、GTEM 室的高度和芯板的高度,改变芯板的宽 度,GTEM 室的特性阻抗也会发生变化。图 1.9(b)是 GTEM 室的芯板高度和 GTEM 室高 度之比 h/b 分别是 0.71、0.75、0.79 时,利用有限元法计算的 GTEM 室的特性阻抗随芯板 相对宽度的变化曲线。

从图 1.9 中可以看出,GTEM 的特性阻抗随着芯板高度和宽度的增加而减小。这是 由于 GTEM 室的芯板相对高度越低、相对宽度越窄,GTEM 室的单位长度的电容越小。

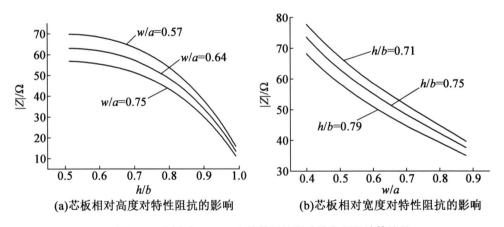

(a)芯板相对高度对特性阻抗的影响　　　　(b)芯板相对宽度对特性阻抗的影响

图 1.9　芯板对 GTEM 室特性阻抗影响的有限元计算结果

3. 场分布

GTEM 室内部的场均匀性可以反映传输室内可用测试空间的大小,图 1.10 给出了基 于有限元计算软件 ANSYS 获得的 GTEM 室内的场分布情况。从图 1.10 中可以看出, GTEM 室内部的场分布看似为一个笑脸,因此 GTEM 室场分布图又称为"笑脸图"。另 外,需要指出的是,在芯板的尖端位置场强较大,这在 GTEM 室注入大功率时(特别是强 脉冲环境下)必须要特别注意,避免发生击穿放电。

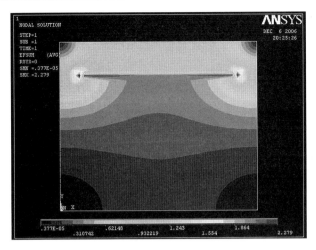

图 1.10　GTEM 室内部的场分布图

根据 GTEM 室内的场分布情况,可以获得 GTEM 室内部的场均匀区。根据 IEC 61000-4-3 和 IEC 61000-4-20 等标准中"均匀区"的概念,均匀区是一个与电磁场传输方向垂直的假想平面。在 GTEM 室中,场均匀区为与其底板垂直的区域,如图 1.11 阴影部分所示。在这个均匀区内,要求场是均匀分布的,具体要求参见本节的"4. 场均匀性测试"部分。为了避免受试设备(EUT)和 GTEM 室导体之间的耦合,可用测试区域离任何导体或吸波材料应有一定的距离 h_{EUT},推荐 $h_{EUT} \geqslant 0.05h$,h 为测试区域芯板高度。

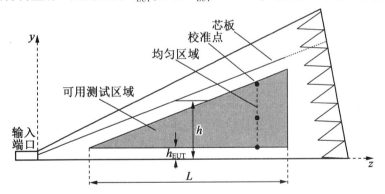

图 1.11　GTEM 室的可用测试区域图

均匀区域的大小决定了可测 EUT 的最大尺寸,如图 1.12 所示。通常要求 EUT 沿传输方向(z 轴方向)的最大长度不超过最大可用测试区域长度 L 的 0.6。EUT 的高度不超过芯板高度 h 的 1/3,宽度不超过芯板宽度 w 的 0.6。

4. 场均匀性测试

GTEM 室场均匀性的测试装置如图 1.13 所示。由信号源输出所需频率的正弦等幅波信号,经同轴电缆向 GTEM 室馈电,从而在 GTEM 室内部形成辐射电场环境;空间电场由全向场强测试探头监测并输出至频谱仪,在可用测试区域范围内以 0.5 m 为间隔,测量各测试点的场强值。

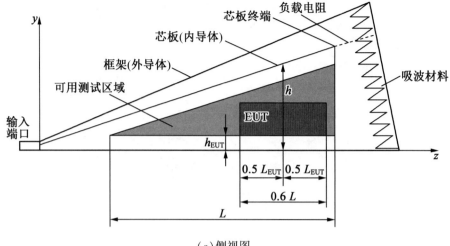

（a）侧视图

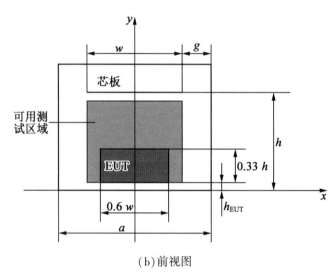

（b）前视图

图 1.12　GTEM 室内 EUT 最大尺寸

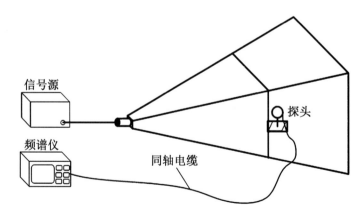

图 1.13　GTEM 室场均匀性测量装置示意图

图 1.14 给出了均匀性测量点的位置分布图。在垂直截面内均匀分出 20 个点,测得 20 个对应的场强数据,剔除其中偏差较大的 4 个点的数据,若保留点的场强在 ±3 dB 容差之内,则认为选取区域内 75% 的表面场的幅值之差小于 6 dB,即可确定此垂直截面上的场分布符合 GTEM 室的测试要求。

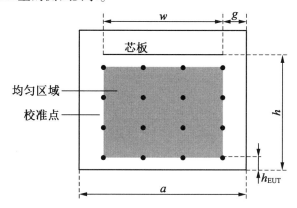

图 1.14　均匀性测量点位置分布图

对不同截面尺寸,GTEM 场均匀性的校准应按照表 1.1 选取校准点数。若规定的区域内 75% 的标准场的幅值之差小于 6 dB,则认为 GTEM 室该区域内是均匀的。

表 1.1　均匀区域校准测试点

均匀区域尺寸/(m×m)	测量位置点数	0~6 dB 范围位置点数
1.5×1.5	4×4=16	12
1.0×1.5	3×4=12	9
1.0×1.0	3×3=9	7
0.5×1.0	2×3=6	5
0.5×0.5	4+1(中心位置)=5	4
0.25×0.25	4+1(中心位置)=5	4

5. 场均匀性判定

判断规定区域内的场均匀性满足要求(即规定区域内 75% 测试点的强场值之差小于 6 dB)主要有以下两种方法。

方法一:手工计算。主要步骤如下:

(1)剔除掉 25% 场强分布较差的测试点;

(2)计算剩下的 75% 测试点最大值与最小值之差是否小于 6 dB。

方法二:参考 IEC 61000-4-20 中场均匀性判定的处理思路。具体判定过程如下:

令测试点 i 位置的场为 E_i,对于 N 个测试点,其平均值 $\bar{E}$ 和标准差 σ_E 分别为

$$\overline{E} = \frac{1}{N} \sum_{(N)} E_i \tag{1.13}$$

$$\sigma_E = \sqrt{\frac{1}{N-1} \sum_{(N)} (E_i - \overline{E})^2} \tag{1.14}$$

从统计意义上讲,$N=5$ 是一个很小的样本量。但是,可以假设测试值 E_i 服从正态分布,则 E_i 落入以下置信区间的概率为75%(此处,K 取 1.15):

$$\overline{E} - K \cdot \sigma_E \leqslant E_i \leqslant \overline{E} + K \cdot \sigma_E \tag{1.15}$$

表1.2给出了正态分布扩展不确定性对应的 K 值。

表1.2　正态分布扩展不确定性对应的 K 值

因子 K	1	1.15	1.3	1.5	2	3
概率/%	68.3	75.0	80.6	86.6	95.5	99.7

根据标准要求,规定域内75%测试点的场强值之差小于 6 dB,则有

$$20\lg \frac{\overline{E} + K \cdot \sigma_E}{\overline{E} - K \cdot \sigma_E} \leqslant 6 \text{ dB} \tag{1.16}$$

即

$$\frac{\overline{E} + K \cdot \sigma_E}{\overline{E} - K \cdot \sigma_E} \leqslant 2 \tag{1.17}$$

由式(1.17)可得

$$\frac{\sigma_E}{\overline{E}} \leqslant \frac{1}{3K} \tag{1.18}$$

将 $K=1.15$ 代入式(1.18)可得

$$\frac{\sigma_E}{\overline{E}} \leqslant \frac{1}{3 \times 1.15} \approx 0.29 \tag{1.19}$$

因此,当规定区域内测试点的标准差与平均值的比值小于 0.29 时,从统计的角度看就能够保证75%测试点的强场值之差小于 6 dB,满足场均匀性要求。

综上可见,第二种方法是从概率的角度进行的推导计算,为保证准确度需要一定的样本量。但通常情况下测试数据的样本量可能并没有那么多,而且还存在误差,此时则推荐采用第一种方法。

6. 电压驻波比测量

电压驻波比(Voltage Standing Wave Ratio,VSWR)是 GTEM 室的重要指标,它决定了 GTEM 室进行 EMC 测试的频带宽度,同时决定了仪器设备的能力。当输入信号时,其匹配性能的好坏将直接影响信号源有效功率的输入,如果电压驻波比大,则产生所需场强

需要输入的功率就会变大,同时也将影响内部电磁场分布,使系统的测试准确度下降。通常要求 GTEM 室电压驻波比 VSWR≤1.5。

电压驻波比的测量是指在输入端口参考面,对 GTEM 室的阻抗匹配和电波反射状态进行评定,基本测试设置如图 1.15 所示。将矢量网络分析仪连接 GTEM 室的同轴输入端口,通过测量其 S_{11} 参数获得端口反射系数 Γ,则 GTEM 室的电压驻波比即可表示为

$$VSWR = \frac{1+|\Gamma|}{1-|\Gamma|} \tag{1.20}$$

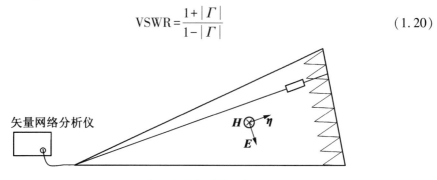

图 1.15　电压驻波比测量示意图

7. 屏蔽效能测量

屏蔽效能用来衡量屏蔽体对电磁波的衰减程度,通常以分贝(dB)为单位。它是关系测试人员身体健康,影响 GTEM 室与外界设备电磁兼容性的一个重要指标。影响 GTEM 室屏蔽效能的主要因素包括屏蔽门的结构、箱体的搭接方式和电源线、信号线转接板。

关于 GTEM 室的屏蔽性测试,目前尚无标准可查。由于其内部结构不规则且尺寸又小,无法依照屏蔽室的测试方法进行屏蔽效能的测试。实际应用中可实测 GTEM 室工作状态下 1 m 处场强,如图 1.16 所示。假设 GTEM 室内部测试区域中心场强为 E_0,GTEM 室外部 1 m 距离等高处的实测场强为 E,则 GTEM 室的屏蔽效能 SE 为

$$SE = 20\lg \frac{E_0}{E} \tag{1.21}$$

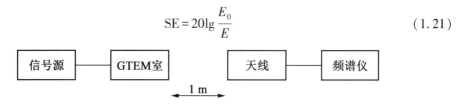

图 1.16　GTEM 室屏蔽效能测试示意图

1.3　相关测试仪器设备

在传输式电磁环境试验系统中,所需的测试仪器多为电磁兼容测试的通用仪器设备,如信号源、功率放大器、定向耦合器、功率计、场强计等,下面对相关测试设备的功能和特点进行简要介绍。

1.3.1　信号源

信号源(此处指射频信号源或微波信号源)是电磁环境效应试验中最基础的试验设备,可以在其工作频率范围内产生小功率的射频或微波信号,具有相对稳定的频率和振幅。它的主要用途包括:(1)用作系统校准的信号产生器;(2)在敏感度试验中推动功率放大器产生连续波模拟干扰信号。

在电磁辐射效应试验中,信号源的技术性能通常应满足以下要求。

(1)工作频率。覆盖试验所需的频率范围,并具有足够的频率精度和分辨率。

(2)谐波分量。谐波和寄生输出应低于基波 30 dBc。

(3)调制方式。具备调幅(AM)、调频(FM)功能,并且调制类型、调制度、调制频率、调制波形可选择和控制。

1.3.2　功率放大器

对于连续波及脉冲干扰的模拟,仅靠信号源本身往往难以达到所需的功率,此时便需要使用功率放大器。功率放大器的作用就是将输入的小功率信号在需要的频段上进行放大,使其功率达到系统所需的等级水平,进而在场形成装置中驱动形成所需的强电磁环境。

功率放大器的核心器件是功率元器件。功率元器件一般分为真空和固态两种形式。真空器件的主要优点是工作频率高、频带宽、功率大、效率高,缺点是体积和质量较大。真空器件主要包括行波管、磁控管和速调管,它们各具优势,应用于不同的领域。其中,行波管的主要优势是频带宽,磁控管的主要优势是效率高,速调管的主要优势是功率大。固态器件的特点是单体输出功率较低,为了实现高功率放大,需要将多个功率晶体管并联放置,从而实现输出功率的合成。固态器件具有体积小、噪声低、稳定性好的优点,缺点是应用频带低、单体输出功率小、效率低。

无论是基于真空器件还是固态器件的功率放大器,受到器件特性的限制,单台功率放大器的工作频率范围往往有限,不可能覆盖全部频段。因此,功率放大器往往是分频段将信号源产生的小功率信号进行放大,以达到高的辐射场强或注入强干扰电流的目的。

在常规的电磁兼容测试中,功率放大器一般为 50 Ω 输入输出阻抗,只有音频放大器输出阻抗为 2 Ω、4 Ω 或 8 Ω,通常与耦合变压器或环天线相连。

功率放大器在工作时可能会产生一定的噪声和失真,影响信号的质量和特性,这在电磁环境效应试验中需要引起注意。

1.3.3　定向耦合器

定向耦合器是信号传输通道功率测量的常用部件,它是一种无源的三端或四端网络,其典型结构如图 1.17 所示。当信号从端口 1 输入时,大部分信号从端口 2 直通输出,其中一小部分信号从端口 3 耦合出来,用于对前向功率的监测,端口 4 则用于对发射功率的监测。定向耦合器可以由同轴、波导、微带和带状线电路构成。对于小功率定向耦合器,其输入、输出端是可以互易的。

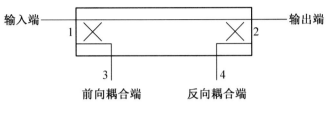

图 1.17　定向耦合器示意图

定向耦合器的特性可以由耦合系数、方向性系数、插入损耗等参数来表征,单位均为 dB。假设定向耦合器端口 1 的输入功率为 P_1,端口 2、3、4 的输出功率分别为 P_2、P_3、P_4,则定向耦合器的主要参数含义如下。

(1)耦合系数 C。

耦合系数指定向耦合器输入端功率与前向耦合端输出功率之比,代表的是主通道与耦合端之间的衰减,用 dB 表示即为

$$C = 10\lg(P_1/P_3) \tag{1.22}$$

(2)方向性系数 D。

方向性系数是指定向耦合器从端口 1 输入时从端口 3 测出的功率 P_{13} 与从端口 2 输入时从端口 3 测出的功率 P_{23} 之比,代表的是耦合端定向(方向性)耦合的能力,方向性系数越大,说明其定向耦合的能力越好。方向性系数 D 可表示为

$$D = 10\lg(P_{13}/P_{23}) \tag{1.23}$$

(3)插入损耗 IL。

插入损耗是指定向耦合器端口 1 到端口 2 的能量损耗,表示为

$$IL = 10\lg(P_1/P_2) \tag{1.24}$$

(4)正向和反向功率。

在忽略负载反射的情况下,正向和反向功率的测量方法如下:

正向功率

$$P_1(\text{dBm}) = P_3(\text{dBm}) + C_{13}(\text{dB})$$

反向功率

$$P_2(\text{dBm}) = P_4(\text{dBm}) + C_{24}(\text{dB})$$

式中,C_{13} 和 C_{24} 分别为 3 端对 1 端的耦合系数和 4 端对 2 端的耦合系数。

1.3.4　功率计

功率计主要用于监测信号功率的大小。在敏感度测试中,功率计与定向耦合器一起组成功率监测系统,如图 1.18 所示,其作用主要有两个方面:一是随时监测大功率输出的情况;二是了解反射功率的大小,确保放大器连接正确,负载匹配良好。

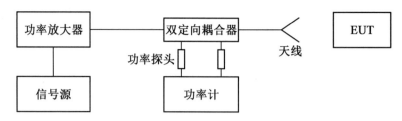

图 1.18　功率计用于敏感度测量示意图

功率计一般由功率探头和显示终端两部分组成,在使用时需要注意功率探头的频率范围要与信号频率范围相匹配。功率计不能选择频率分量,只能测量进入功率计的总功率,其能测量到的最小功率一般为-70~-50 dBm。

1.3.5　场强计

场强计(或电场探头)主要用于测试各类环境中的电磁场强度,比如电磁辐射敏感度试验中干扰场强的监测,标准测试场地中场均匀性的测量,也可用于电磁脉冲场强的监测。典型的电场探头如图 1.19 所示。

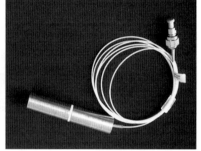

（a）连续波测试探头　　　　　　　　（b）电磁脉冲测试探头

图 1.19　典型的电场探头

相比于天线测试,电场探头具有如下优点:

(1)探头体积较小,对待测环境场产生的扰动小;

(2)电场探头更适合测量强场,采用电小天线作为传感器,感应信号幅度小,灵敏度低,动态范围较大;

(3)探头测量频段较宽,频响曲线较为平坦,适合于电磁脉冲(EMP)测试,天线系统则随频率变化较大。

与此同时,电场探头也存在一定的缺点:

(1)由于采用电小天线作为传感器,灵敏度低,不适合于弱场监测;

(2)连续波测试探头通常采用检波接收方式,不能选择频率,多信号接收时,测出的是各频率场强的叠加值;

(3)一般是有源的,需要加电工作,为确保测试准确性还需要进行复杂的标定。

1.4　基于 GTEM 室的效应试验方法

电磁兼容性是电磁环境效应的重要组成部分,而辐射敏感度和辐射发射是其中重要的两个方面。辐射敏感度及发射试验的目的就是考核设备、分系统、系统的电磁敏感和电磁发射特性。此处,重点介绍基于 GTEM 室的辐射敏感度及发射试验方法。

1.4.1　试验依据的相关标准

目前,采用 GTEM 室作为标准测试场地开展电磁发射和敏感度测试的标准主要包括国际(外)标准和国内标准。

1. 国际(外)标准

采用 GTEM 室作为标准测试场地开展电磁发射或敏感度测试的国外标准主要有 3 大类:第 1 类是国际电工委员会标准(IEC 标准);第 2 类是国际无线电干扰特别委员会标准(CISPR 标准);第 3 类是美国军用标准(美军标)。这 3 大类标准在电磁兼容领域起着非常重要的引领作用。具体标准如下:

(1)IEC 61000-4-3 Electromagnetic compatibility (EMC)-Part 4-3：Testing and measurement techniques-Radiated, radio-frequency electromagnetic field immunity test。

该标准(2020 年版)在附录 K 中规定了基于 TEM 室(包含 GTEM 室)的电场探头校准方法,指出 80 MHz 至几百兆赫兹频率范围的场强探头用 TEM 室校准有较好的重复性,大于几百兆赫兹频率的场强探头用电波暗室进行校准。

(2)IEC 61000-4-20 Electromagnetic compatibility (EMC)-Part 4-20：Testing and measurement techniques-Emission and immunity testing in transverse electromagnetic (TEM) waveguides。

该标准(2022 年版)规定了不同横电磁波室中发射和抗扰度的测试方法。

(3)CISPR 16-1-4 Specification for radio disturbance and immunity measuring apparatus and methods-Part 1-4：Radio disturbance and immunity measuring apparatus-Antennas and test sites for radiated disturbance measurements。

该标准(2019 年版)指出可以在 TEM 室内按照 IEC 61000-4-20 规定的方法进行辐射抗扰度测量。

(4)MIL-STD-461G Requirements for the control of electromagnetic interference characteristics of subsystems and equipment。

该标准规定可以将 GTEM 室用于 RS105 瞬态电磁场辐射敏感度的测试。

2. 国内标准

国内采用 GTEM 室作为标准测试场地进行电磁发射或敏感度测试的标准大多是等效采纳国际(外)标准而来,主要有:

(1)GB/T 17626.3—2016　电磁兼容　试验和测量技术　射频电磁场辐射抗扰度试验。

该标准是等效采纳的国际标准 IEC 61000-4-3(2010 年版),两者内容一致。与被替换的 GB/T 17626.3—2006 相比,删除了原附录 D 的 TEM 室和带状线测试方法,增加了基于 TEM 室(包含 GTEM 室)的电场探头校准方法。

(2)GB/T 6113.104—2021　无线电骚扰和抗扰度测量设备和测量方法规范　第1-4 部分:无线电骚扰和抗扰度测量设备　辐射骚扰测量天线和试验场地。

该标准是等效采纳的 CISPR 标准 CISPR 16-1-4(2019 年版),两者内容一致。该标准规定可以在 TEM 室内按照 IEC 61000-4-20 规定的方法进行辐射抗扰度测量。

(3)GJB 151B—2013　军用设备和分系统电磁发射和敏感度要求与测量。

该标准主要是在参考借鉴 MIL-STD-461F 的基础上制定的,其中规定可以采用 GTEM 室来进行 RS105 瞬态电磁场辐射敏感度的测试。

3. 关于国内外标准的几点说明

GTEM 室在国内电磁兼容标准中主要用于开展电磁辐射敏感度试验,包括连续波辐射敏感度试验和强电磁脉冲辐射敏感度试验。在国外标准中除了可用于开展电磁辐射敏感度试验外,还可用于开展电磁辐射发射试验(参见 IEC 61000-4-20),但具体测试过程并不方便,工程应用较少。

国外电磁兼容的发展历程经历了问题解决、规范设计和系统设计三个阶段。相关电磁兼容标准的制定也并非一朝一夕完成,往往需要开展大量研究和海量试验数据作为支撑。我国从 20 世纪七八十年代开始开展从事电磁兼容研究,在电磁环境效应试验方法及极限值方面的一些标准主要是等效采纳国外或国际标准。需要注意的是,我国电子设备,尤其是武器装备的电磁敏感特性与国外产品并不一定相同,国外基于自身装备电磁环境效应试验建立起来的标准和极限值对于我国的电子设备(尤其是武器装备)并不一定适用,在等效采纳时需要有选择地吸收,弃其糟粕、取其精华,不能盲目照搬。

1.4.2　辐射敏感度测试方法

采用 GTEM 室开展辐射敏感度测试,主要参考 GJB 151B—2013、GB 17626.3—2016、IEC 61000-4-20 等标准。由于 GTEM 室工作频带宽,在 DC~18 GHz 范围内无须更换测试场地,且在低频段(如 30 MHz 以下)GTEM 室产生的电场强度要远大于天线辐射产生的场强,试验效率更高,目前被广泛应用于电磁辐射敏感度测试,尤其是强场电磁辐射效应试验。

1. 测试程序步骤

采用 GTEM 室开展辐射敏感度测试的流程如下:

(1)按照图 1.1 所示连接电磁辐射敏感度测试系统,将 EUT 按要求放置于 GTEM 室内部测试区域;

(2)将 EUT 及所有测试设备开机并预热,使其处于正常工作状态;

(3)按标准要求设置信号源输出为调幅信号,测试频率在适用的范围内进行扫描,扫描步长按照标准要求进行设置,扫描驻留时间应大于 EUT 的响应时间,推荐时间为 1 s;

（4）通过调整信号源输出及功放增益大小,使测试系统达到标准中规定的限值要求,最终完成 EUT 电磁辐射敏感度测试。

上述流程开展的是电磁辐射敏感度通过性试验,即考察 EUT 在限值强度电磁辐射作用下是否能够正常工作。此外,当 EUT 在测试中出现敏感现象时,还需要确定 EUT 的敏感度门限电平。

2. 要求及注意事项

（1）信号源输出要求设置为调幅信号,但不同标准中的规定略有不同,如图 1.20 所示。其中,在国军标 GJB 151B—2013 中,要求调制信号频率为 1 kHz、50% 占空比、方波调制;在国标 GB 17626.3—2016 中,要求调制信号频率为 1 kHz、调制深度为 80%、连续波调制。

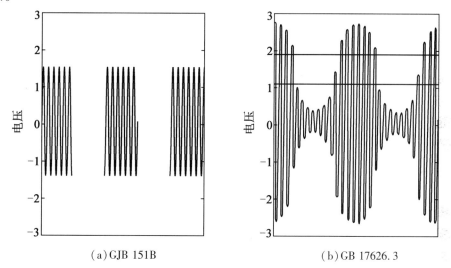

(a) GJB 151B   (b) GB 17626.3

图 1.20   GJB 151B 及 GB 17626.3 中信号源输出信号调制波形

（2）为保证 EUT 各外表面均受到辐射且能够进行水平和垂直极化试验,需要对 EUT 按图 1.21 所示的方式进行旋转,也可以通过将 GTEM 室旋转实现。

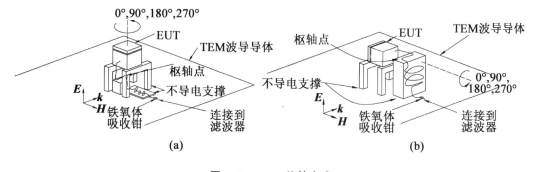

图 1.21   EUT 旋转方式

（3）若 EUT 由多个组件或分系统组成,旋转过程中应确保各组件或分系统、电缆等保持相对位置不变。

（4）当 EUT 在测试中出现敏感现象时,应在敏感现象刚好不出现的情况下确定敏感度门限电平。根据 GJB 151B—2013 的规定,敏感度门限电平应按如下的步骤确定并写入测试报告中:

①当敏感现象出现时,降低干扰信号电平直到 EUT 恢复正常;

②继续降低干扰信号电平 6 dB;

③逐渐增加干扰信号电平直到敏感现象刚好重复出现,此时干扰信号电平即为敏感度门限电平;

④记录敏感度门限电平、频率范围、最敏感的频率及其电平、其他适用的测试参数。

之所以采用这种单方向寻找敏感度阈值的方法,是因为电子产品的如下特性。电子产品在出现辐射敏感效应时,其临界敏感电平往往存在一个灰色地带,如图 1.22 所示。在这一灰色地带,场强由低到高寻找敏感度阈值和由高到低寻找敏感度阈值,结果不同。为此,结合电子产品面临电磁辐射威胁的实际情况,规定了这种单方向寻找敏感度阈值的方法。

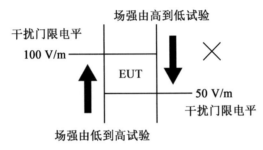

图 1.22　敏感度门限电平确定方法示意图

1.4.3　辐射发射测试方法

基于 GTEM 室的辐射发射测试方法依据的主要标准是 IEC 61000-4-20。采用该方法的主要优点是 GTEM 室的频带很宽,在 DC~18 GHz 范围内无须使用或更换天线,且测试过程不受环境噪声的影响,测试数据的重复性好。其缺点是 GTEM 室测得的数据需要转换为等效的开阔场场强值,需要一套关联算法,目前普遍使用的是"总功率法"。下面,首先对"总功率法"进行介绍。

EUT 在 GTEM 室里分别按图 1.23 所示的 a、b、c 三个位置放置,用接收机测出 EUT 辐射发射耦合到 GTEM 室端口的电压值 V_{p1}、V_{p2}、V_{p3}（"三电压测量法"）。图 1.23 中（x,y,z）为 GTEM 室的坐标系,z 轴方向为 GTEM 室中电磁波的传播方向,y 轴方向平行于电场方向,x 轴方向平行于磁场方向,而（x',y',z'）为 EUT 的坐标系。

则总辐射功率为

$$P_0 = \frac{\eta_0}{3\pi} \cdot \frac{k_0^2}{e_{0y}^2 Z_C} \cdot \sqrt{V_{p1}^2 + V_{p2}^2 + V_{p3}^2} \tag{1.25}$$

式中,V_{p1}、V_{p2}、V_{p3} 为接收机在三个正交位置上测得的电压;k_0 为波数,即电磁波传播单位长度所引起的相位变化；η_0 为自由空间波阻抗；Z_C 为 TEM 波导特征阻抗；e_{0y} 为场强因子，即该位置上模的归一化电场分量，单位为 $\sqrt{\Omega}/\mathrm{m}$。已知坐标 (x,y,z) 位置的场强因子 e_{0y} 为

$$e_{0y} = \frac{E_y(x,y)}{\sqrt{P_i}} \tag{1.26}$$

式中，P_i 为 GTEM 室输入端口的给定输入功率，单位为 W；E_y 为空室条件下 (x,y,z) 位置的 y 方向垂直电场分量。

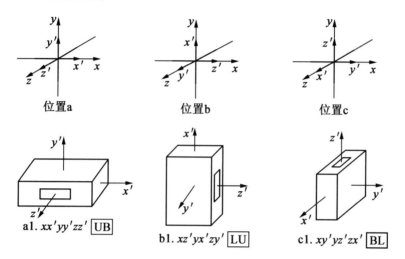

图 1.23　EUT 在 GTEM 室内的放置位置图

在给出几何因子 $g_{\max}$ 后，在开阔场的等效最大辐射场强可以表示为

$$E_{\max} = g_{\max} \cdot \sqrt{\frac{3\eta_0}{4\pi} P_0} \tag{1.27}$$

式中，η_0 为自由空间波阻抗。

对于垂直极化：

$$g_{\max} = \left| \frac{e^{-jk_0 r_1}}{r_1} - \frac{e^{-jk_0 r_2}}{r_2} \right|_{\max} \tag{1.28}$$

对于水平极化：

$$g_{\max} = \left| \frac{s^2}{r_1^2} \frac{e^{-jk_0 r_1}}{r_1} - \frac{s^2}{r_2^2} \frac{e^{-jk_0 r_2}}{r_2} \right|_{\max} \tag{1.29}$$

在上述两式中，r_1 为 EUT 到接收天线的直线距离；r_2 为 EUT 的镜像到接收天线的直线距离；s 为 EUT 到接收天线的水平距离，如图 1.24 所示。

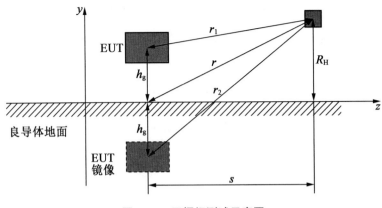

图 1.24　开阔场测试示意图

下面,介绍基于 GTEM 室的电磁辐射发射测试方法。如图 1.25 所示,基于 GTEM 室的电磁辐射发射测试系统主要由 GTEM 室、接收机、计算机及数据处理软件等组成。

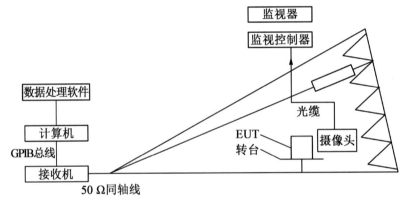

图 1.25　GTEM 电磁辐射发射测试系统

基于 GTEM 室的电磁辐射发射测试步骤如下:

(1)将 EUT 置于 GTEM 室内部的测试区域,GTEM 室输入端连接测量接收机;

(2)根据测试标准要求设置扫描频率、检波方式及分析带宽,按照"三电压测量法"在 3 个位置测试 EUT 的辐射发射最大输出电压;

(3)根据上述测试结果,采用"总功率法"计算得到 EUT 在开阔场的等效最大辐射场强;

(4)对照测试标准中 EUT 辐射发射极限值曲线,评估 EUT 的辐射发射是否超标。

1.5　典型效应试验案例分析

医疗急救装备的电磁兼容和电磁防护能力,是确保其在复杂电磁环境条件下正常发挥卫勤保障效能的基础。下面,以几种典型医疗电子设备为受试对象,采用上述的传输式电磁环境试验系统与效应试验方法,测试其电磁辐射效应。

1.5.1　试验设置及流程

以 5 种类型的医疗急救装备为受试设备(分别记为 EUT1、EUT2、EUT3、EUT4、EUT5),分别基于传输式电磁环境试验系统开展电磁辐射效应试验。在试验过程中,依次将受试设备置于 GTEM 室内的试验转台上,使用心电信号模拟器模拟产生心电信号,使受试设备正常工作。具体的试验流程如下:

(1)依据 GJB151B—2013《军用设备和分系统电磁发射和敏感度要求与测量》中 RS103 规定的试验方法配置试验设备;

(2)将受试设备放在 GTEM 室内的试验平台上,施加模拟心电信号,使设备正常工作;

(3)将信号源调到 1 kHz,占空比 50%脉冲调制;

(4)按规定的速率和驻留时间在要求的频率范围内进行扫描,保持场强电平达到标准中规定的极限值;

(5)扫描结束后查看受试设备的状态及数据记录情况;

(6)重复上述步骤,依次完成其他受试设备的连续波电场辐射敏感度试验。

1.5.2　试验结果及分析

受试设备的试验结果见表 1.3,图 1.26 给出了 EUT 受干扰时的部分原始数据记录情况。

表 1.3　医疗急救装备连续波电磁辐射效应试验结果

设备名称	频率/MHz	电场强度/(V·m^{-1})	心电信号及设备状态	备注
EUT1	80	100	心电信号受干扰,设备死机	
	300	100	心电信号受干扰,记录纸停滞	
	500	100	心电信号中断,辐照过后信号异常	
EUT2	80	100	正常	
	300	100	心电图部分异常,记录纸停滞	
EUT3	80	50	心电信号受干扰	
	500	50	心电信号受干扰	
EUT4	80	50	心电信号受干扰	
	300	100	记录纸停滞	
	500	50	心电信号轻微受干扰,场强下降后自动恢复	
	500	50	设备同样轻微受干扰	模拟信号源断开
	500	100	心电信号受干扰,信号源报警	
	800	50	心电信号轻微受干扰,场强下降后自动恢复	

表 1.3(续)

设备名称	频率/MHz	电场强度/(V·m⁻¹)	心电信号及设备状态	备注
EUT5	500	50	记录纸停滞	
	500	100	记录纸停滞	

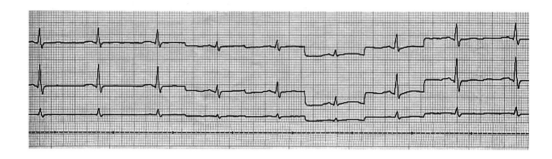

图 1.26　EUT 受干扰时的部分原始数据记录情况

结合表 1.3 和图 1.26 分析可知:

(1)在频率为 80 MHz 以上的任何频段,当电场强度的幅值达到 50 V/m 时,受试设备基本上都开始出现受干扰现象。其中包括:心电信号受干扰、记录纸停滞、信号源异常等;受扰过后当辐射场强下降时,部分设备的心电信号还可以自动恢复正常。

(2)当电场强度的幅值达到 100 V/m 时,受试设备将出现更为严重的干扰。其中包括:心电信号受干扰、信号源报警、设备死机等。受扰过后即使辐射场强下降,大部分设备心电信号仍出现异常。

(3)对 EUT4 在模拟信号源断开的条件下也进行了连续波辐射效应试验,当电场强度达到 50 V/m 时设备同样会受到干扰。这就验证了受试设备受扰不完全是由模拟信号源受扰导致的,受试设备本身也会受到连续波电场辐射的干扰。

(4)以上 5 种受试设备无论受到何种干扰,重启后都能恢复正常工作,没有造成硬损伤。

第2章 辐射式电磁环境试验系统与效应试验方法

尽管基于 GTEM 室的传输式电磁环境试验系统展现出了测试频带宽、低频段强场生成能力强等优点,但 GTEM 室的结构特点也限制了其在较大尺寸受试装备上的应用。此时,就需要采用基于开阔试验场(Open Area Test Site,OATS)和电波暗室等的辐射式电磁环境试验系统。所谓辐射式电磁环境试验系统,是指电磁能量在开阔试验场或电波暗室等标准测试场地中以天线辐射的方式模拟产生射频、微波电磁辐射环境,进而对武器装备开展电磁辐射效应研究的试验系统。本章将从辐射式电磁环境试验系统的基本组成出发,介绍开阔试验场和电波暗室这两种标准测试场地的特点,阐述基于这种标准测试场地的辐射敏感度和辐射发射试验方法,并结合具体试验案例分析某典型受试设备的电磁环境效应。

2.1 试验系统组成及工作原理

辐射式电磁环境试验系统能够在开阔场或电波暗室内以天线辐射的方式产生调幅、调频、调相等连续波强场测试环境,进而对受试设备开展电磁辐射敏感度及安全裕度试验研究,考核其电磁环境适应性。

2.1.1 试验系统的组成

典型的辐射式电磁环境试验系统由测试场地和测试仪器两部分组成,具体系统连接框图如图 2.1 所示。

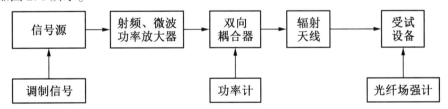

图 2.1 辐射式电磁环境试验系统连接框图

1.测试场地

辐射式电磁环境试验系统的测试场地主要包括开阔试验场或电波暗室。这两者均为电磁兼容测试中的标准测试场地,特点不同,但优势互补。在电磁辐射发射和敏感度测试中,场地对测试结果的影响非常明显。测试场地不同,即使使用相同的仪器、仪表测量,有时也会得到不同结果。这主要是因为在不同的测试场地上空间直射波与地面反射波的反射影响和接收点不同,造成相互叠加的场强不一致。为此,在国内外相关电磁兼容标准中均明确规定,不同测试场地造成的试验测试结果差异,应以开阔试验场的测试结果为准。但需要注意的是,随着空间电磁环境的日益恶劣,理想的开阔场地逐渐变得很难获取,半电波暗室就是对理想开阔场地的一种模拟。

2.测试仪器

辐射式电磁环境试验系统所需的测试仪器主要包括信号源、功率放大器、定向耦合器、功率计、辐射天线、场强计、监视系统、计算机控制系统等。与传输式电磁环境试验系统相比,除了测试场地发生了变化,大部分测试仪器是一致的,但增加了辐射天线。这主要是因为传输式电磁环境试验系统主要是在同轴及传输线结构的 GTEM 室内部形成辐射场环境,不需要天线将电磁能量辐射出去;而要在开阔试验场或半电波暗室中产生电磁辐射场,必须借助辐射天线才能实现。

2.1.2　试验系统的工作原理

结合图 2.1 所示的试验系统构成,辐射式电磁环境试验系统的工作原理是:第一,根据试验要求,采用信号源产生小功率的连续波或其调制信号;第二,将这个小功率信号馈入宽带功率放大器中,利用功率放大器将这个小功率信号进行功率放大,得到大功率连续波或其调制信号;第三,通过定向耦合器将这个大功率信号馈入辐射天线的输入端;第四,利用辐射天线将电磁能量辐射出去,从而在测试场地形成连续波强场电磁环境。

在整个试验系统中,定向耦合器、功率计、场强计、监视系统和计算机控制系统的作用与传输式电磁环境试验系统是一样的,此处不再赘述。需要指出的是,在整个试验系统中,信号源、功率放大器、定向耦合器、功率计、辐射天线、场强计的工作频率范围、阻抗等必须相互匹配,尤其是应选择具有合适带宽和增益的辐射天线,这样才能在测试场地有效生成所需的电磁辐射环境。

此外,由于摆脱了 GETM 室可用频率范围的限制,因此与传输式电磁环境试验系统相比,辐射式电磁环境试验系统的工作频率范围可以更宽。

2.2　开阔试验场

开阔试验场是一个平坦、空旷、地面电导率均匀良好、周围无任何反射物的椭圆形或圆形试验场地。理想的开阔试验场地面具有良好的导电性,面积无限大,在 30 MHz ~ 1 000 MHz 之间接收天线接收到的信号将是直射路径和反射路径信号的总和。为此,对于 30 MHz~1 000 MHz 高频辐射电磁场效应试验,首选的测试场地就是开阔试验场。

2.2.1　开阔试验场基本要求

为了确保受试设备测试结果的有效性和重复性,对开阔试验场的传输特性、面积、环境条件、周围的反射体、场地地面及试验场中有关的辅助设施等都有一定的限制和规定。

1. 面积

为了得到一个开阔试验场地,在受试设备和场强测量天线之间需要一个无障碍区域。这个无障碍区域应远离较大的电磁场散射体,并且应足够大,使得无障碍区域以外的散射不会对天线测量的场强产生影响,其尺寸和形状取决于测量距离及受试设备是否可被旋转。

开阔试验场一般应能进行辐射骚扰的 3 m 法、10 m 法及 30 m 法试验,亦即受试设备的周界与天线顶端之间的距离要达到 3 m、10 m 及 30 m。如果试验场地配备了转台,那么推荐使用椭圆形的无障碍区域。此时,受试设备和接收天线分别处于椭圆的两个焦点上,椭圆长轴的长度为测量距离(焦距)的 2 倍,短轴的长度为测量距离(焦距)的 $\sqrt{3}$ 倍,如图 2.2 所示,这样的场地也叫 CISPR 椭圆。

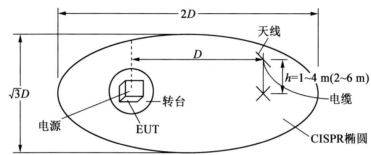

注:D 表示转台几何中心与天线几何中心投影距离,试品的几何中心要与转台轴心相重合

图 2.2　典型开阔试验场

如果场地没有配备固定转台,即受试设备是固定不动的,则推荐使用圆形的无障碍区域。受试设备周界到试验场地周界的径向距离为测量距离的 1.5 倍,如图 2.3 所示。此时,测量天线以测量距离为半径围绕受试设备移动。

此外,根据标准 CISPR 12—2009 及与之等同标准 GB 14023—2022,对于火花点火发动机设备和车辆的辐射骚扰测试,其试验场地应是以车辆或装置与测试天线之间连线中点为圆心,最小半径为 30 m 的圆形区域,且该区域内是没有电磁波反射物的空旷场地。

2. 环境条件

开阔试验场具有空旷、水平的地形特点,在其周围不存在如金属构架、钢筋水泥建筑物和高大树木等物体。开阔试验场应远离公路,特别要避开车辆较多的公路干道。另外,在场地上空不应设有架空电线,尤其要避开高频通信电缆及高压线。

试验场地周围的射频电平与被测电平相比应足够低,或者应比标准规定的受试设备骚扰电平限值至少低 6 dB。

除了射频环境外,测量接收机的固有本底噪声也会增加辐射骚扰测量结果的不确定度。因此,为了能使测得的骚扰电平与骚扰限值进行有效的比较,应将射频环境发射和测量接收机的固有噪声都减至最小。

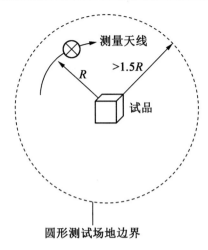

图 2.3　无固定转台试验场

3. 反射地面

在现实生活中,地面的土壤有干、湿之分,还有水泥地面、沥青地面等,这些不同地面的电导率不同,对电磁波所呈现的反射率也不相同。为了获得稳定的电波传输特性,不至于因测试场地的不同而带来测量结果的差异,开阔试验场必须有一个固定的、面积相当大的反射地面(或称接地平板),如图 2.4 所示。

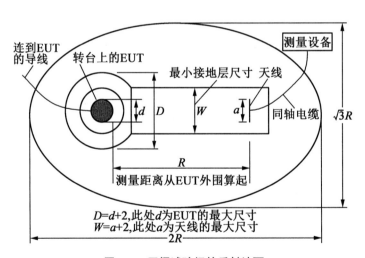

图 2.4　开阔试验场的反射地面

这个反射地面用金属材料制成,可由钢板(包括镀锌钢板)、金属丝网等构成,通常为矩形,其宽度是最大测试单元尺寸的两倍,并将平面延伸到超过测试单元周长 1 m 处,且超过测量天线两边 1 m。金属反射平面的板与板之间要用电焊连接,无大的漏缝或孔洞。用金属丝网时,孔径的最大尺寸必须小于波长的 1/10;对于 1 GHz,孔径应小于 3 cm。反射地面的尺寸以满足场地的有效性为准。

4. 地形粗糙度

为了确保测试场地内的地形变化不会在场地内产生明显散射,场地内地形必须满足由瑞利准则确定的不平度要求,如图 2.5 所示。

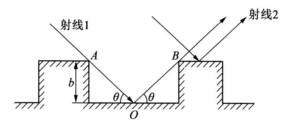

图 2.5　瑞利准则示意图

设地面起伏是均匀的,起伏高度差为 b,经由谷和脊的路程差 Δr 为

$$\Delta r = AO + OB = \frac{2b}{\sin \theta} \qquad (2.1)$$

式中, b 为最大均方根粗糙度; θ 为射线与地面的夹角。

通常取两个射线的最大相位差 $\Delta \varphi = \pi/2$(即 $\Delta r = \lambda/4$),作为地面平坦与粗糙分界线,因此

$$b = \frac{\lambda}{8} \sin \theta = \frac{\lambda}{8} \left[1 + \left(\frac{D}{h_1 + h_2} \right)^2 \right]^{-1/2} \qquad (2.2)$$

式中, λ 为波长; D 为 EUT 与接收天线之间的间隔距离; h_1、h_2 分别为 EUT 和接收天线的高度。由此可见,最大均方根粗糙度 b 是 EUT 和接收天线高度、间隔距离和信号波长的函数。

当实际地面起伏高度 $h < b$ 时,认为地面是平整的。表 2.1 给出了频率为 1 GHz 时,由瑞利粗糙度准则所确定的粗糙度典型值。

表 2.1　由瑞利粗糙度准则所确定的粗糙度典型值

测试距离 D/m	源天线高度 h_1/m	接收天线最大高度 h_2/m	最大均方根粗糙度 b/cm
3	1	4	4.5
10	1	4	8.4
30	2	6	14.7

5. 试验设备组成

(1)转台。

为了方便测量受试设备所有方向上的辐射骚扰,推荐使用转台。转台是放置 EUT 的专用工作台,应能承受 EUT 的重力。转台的表面应平整,台面与反射地面应在同一个平面上,并保持导电连接。

对于落地式设备,EUT 需与转台的导电表面(需与接地平板齐平)绝缘。绝缘支撑物

的高度应不大于 0.15 m 或根据产品委员会的要求设定；当 EUT 具有非金属的滚轮时则不要求使用绝缘支撑物。对于台式设备，推荐使用试验桌，放置试验桌时，其在水平面上的中心须为转台的中心，转台带动试验桌进行旋转。

（2）天线升降设备。

按照 CISPR 标准的要求，在进行 EUT 的辐射骚扰试验时，要求接收天线在离地面 1~4 m（3 m 和 10 m 法测试时）或 2~6 m（30 m 法测试时）范围内升降，以便搜索 EUT 辐射骚扰的最大值。为此，在使用开阔试验场进行试验时，必须配备能自动升降天线的设备。此外，天线升降速度应可调，以配合不同测试仪器对天线升降速度的需求。

2.2.2　归一化场地衰减

1. 基本概念

归一化场地衰减（Normalized Site Attenuation，NSA）是指在测试场地上的两个天线终端之间测量的插入损耗，反映的是电磁波在测试场地中传输的衰减程度。国际无线电干扰特别委员会 CISPR 16-1-4 标准规定用归一化场地衰减来评定金属接地平板试验场的质量，是衡量开阔试验场能否作为合格场地进行 EMC 测试的关键技术指标。归一化场地衰减与测试场地的性能有关，与测试天线或测量仪器无关。

在开阔试验场中，其场地衰减定义为

$$SA = \frac{V_{DIRECT}}{V_{SITE}} \tag{2.3}$$

式中，V_{DIRECT} 为收、发天线的连接电缆通过适配器直接相连测得的端口电压；V_{SITE} 为收、发天线相隔一定的标准距离，接收天线在标准规定范围内扫描所测得的端口电压最大值，两次测量中信号源的输出电压保持不变。

将式（2.3）写成 dB 的形式，即

$$SA(dB) = V_{DIRECT}(dB\mu V) - V_{SITE}(dB\mu V) \tag{2.4}$$

为了避免不同天线所造成测试结果的差异，定义场地衰减 SA 减去 AF_T 和 AF_R，消除天线的相关性，所得结果称为归一化场地衰减：

$$NSA = V_{DIRECT} - V_{SITE} - AF_T - AF_R - \Delta AF \tag{2.5}$$

式中，AF_T 和 AF_R 分别为发射天线和接收天线的天线系数，dB/m；ΔAF 是互阻抗校正系数，dB。

对于理想的开阔试验场，ANSI C63.4 中给出了归一化场地衰减的理论计算模型：

$$NSA_{TH} = -20\log f_m + 48.92 - E_D^{max} \tag{2.6}$$

式中，NSA_{TH} 为 NSA 理论值，f_m 为以 MHz 为单位的频率，E_D^{max} 为最大接收场强。表 2.2~表 2.4 给出了 3 m 法 NSA 的理论计算结果。

表 2.2　使用宽带天线结构时计算得到的归一化场地衰减

极化方向	水平	水平	水平	水平	垂直	垂直	垂直	垂直
R/m	3	10	30	30	3	10	30	30
h_1/m	1	1	1	1	1	1	1	1
h_2/m	1~4	1~4	2~6	1~4	1~4	1~4	2~6	1~4
f/MHz	NSA/dB							
30	15.8	29.8	44.4	47.8	8.2	16.7	26.1	26
35	13.4	27.1	41.7	45.1	6.9	15.4	24.7	24.7
40	11.3	24.9	39.4	42.8	5.8	14.2	23.6	23.5
45	9.4	22.9	37.3	40.8	4.9	13.2	22.5	22.5
50	7.8	21.1	35.5	38.9	4.0	12.3	21.6	21.6
60	5.0	18	32.4	35.8	2.6	10.7	20.1	20.0
70	2.8	15.5	29.7	33.1	1.5	9.4	18.7	18.7
80	0.9	13.3	27.5	30.8	0.6	8.3	17.6	17.5
90	−0.7	11.4	25.5	28.8	−0.1	7.3	16.6	16.5
100	−2.0	9.7	23.7	27	−0.7	6.4	15.7	15.6
120	−4.2	7.0	20.6	23.9	−1.5	4.9	14.1	14.0
140	−6.0	4.8	18.1	21.2	−1.8	3.7	12.8	12.7
160	−7.4	3.1	15.9	19	−1.7	2.6	11.7	11.5
180	−8.6	1.7	14	17	−1.3	1.8	10.8	10.5
200	−9.6	0.6	12.4	15.3	−3.6	1.0	9.9	9.6
250	−11.9	−1.6	9.1	11.6	−7.7	−0.5	8.2	7.7
300	−12.8	−3.3	6.7	8.8	−10.5	−1.5	6.8	6.2
400	−14.8	−5.9	3.6	4.6	−14.0	−4.1	5.0	3.9
500	−17.3	−7.9	1.7	1.8	−16.4	−6.7	3.9	2.1
600	−19.1	−9.5	0	0	−16.3	−8.7	2.7	0.8
700	−20.6	−10.8	−1.3	−1.3	−18.4	−10.2	−0.5	−0.3
800	−21.3	−12.0	−2.5	−2.5	−20.0	−11.5	−2.1	−1.1
900	−22.5	−12.8	−3.5	−3.5	−21.3	−12.6	−3.2	−1.7
1 000	−23.5	−13.8	−4.5	−4.4	−22.4	−13.6	−4.2	−3.5

注:垂直极化时宽带天线距离地面至少 25 cm。

表 2.3 使用水平极化可调谐偶极子天线时的归一化场地衰减

极化	水平	水平	水平
R/m	3*	10	30
h_1/m	2	2	2
h_2/m	1~4	1~4	2~6
f/MHz	NSA/dB		
30	11.0	24.1	38.4
35	8.8	21.6	35.8
40	7.0	19.4	33.5
45	5.5	17.5	31.5
50	4.2	15.9	29.7
60	2.2	13.1	26.7
70	0.6	10.9	24.1
80	-0.7	9.2	21.9
90	-1.8	7.8	20.1
100	-2.8	6.7	18.4
120	-4.4	5.0	15.7
140	-5.8	3.5	13.6
160	-6.7	2.3	11.9
180	-7.2	1.2	10.6
200	-8.4	0.3	9.7
250	-10.6	-1.7	7.7
300	-12.3	-3.3	6.1
400	-14.9	-5.8	3.5
500	-16.7	-7.6	1.6
600	-18.3	-9.3	0
700	-19.7	-10.6	-1.3
800	-20.8	-11.8	-2.4
900	-21.8	-12.9	-3.5
1 000	-22.7	-13.8	-4.4

注:水平可调谐偶极子测试,应减去互阻抗校正系数(参见表 2.5)。

表 2.4 使用垂直极化可调谐偶极子天线的归一化场地衰减

f_m/MHz	$R = 3$ m $h_1 = 2.75$ m		$R = 10$ m $h_1 = 2.75$ m		$R = 30$ m $h_1 = 2.75$ m	
	h_2/m	A_N/dB	h_2/m	A_N/dB	h_2/m	A_N/dB
30	2.75~4	12.4	2.75~4	18.8	2.75~6	26.3
35	2.39~4	11.3	2.39~4	17.4	2.39~6	24.9
40	2.13~4	10.4	2.13~4	16.2	2.13~6	23.8
45	1.92~4	9.5	1.92~4	15.1	2~6	22.8
50	1.75~4	8.4	1.75~4	14.2	2~6	21.9
60	1.50~4	6.3	1.50~4	12.6	2~6	20.4
70	1.32~4	4.4	1.32~4	11.3	2~6	19.1
80	1.19~4	2.8	1.19~4	10.2	2~6	18.0
90	1.08~4	1.5	1.08~4	9.2	2~6	17.1
100	1~4	0.6	1~4	8.4	2~6	16.3
120	1~4	−0.7	1~4	7.5	2~6	15.0
140	1~4	−1.5	1~4	5.5	2~6	14.1
160	1~4	−3.1	1~4	3.9	2~6	13.3
180	1~4	−4.5	1~4	2.7	2~6	12.8
200	1~4	−5.4	1~4	1.6	2~6	12.5
250	1~4	−7.0	1~4	−0.6	2~6	8.6
300	1~4	−8.9	1~4	−2.3	2~6	6.5
400	1~4	−11.4	1~4	−4.9	2~6	3.8
500	1~4	−13.4	1~4	−6.9	2~6	1.8
600	1~4	−14.9	1~4	−8.4	2~6	0.2
700	1~4	−16.3	1~4	−9.7	2~6	−1.0
800	1~4	−17.4	1~4	−10.9	2~6	−2.4
900	1~4	−18.5	1~4	−12.0	2~6	−3.3
1 000	1~4	−19.4	1~4	−13.0	2~6	−4.2

2.归一化场地衰减测试

CISPR 16-1-4 规定了开阔场归一化场地衰减测量方法。该方法的测量需要在水平和垂直两个极化方向上进行,发射天线的高度设置为 1 m(宽带天线),而接收天线需要在一个合适的高度范围进行扫描。对于 3 m 和 10 m 的测试场地,CISPR 标准所规定的高度范围是 1~4 m;对于 30 m 的测试场地,接收天线的扫描高度范围为 2~6 m。

归一化场地衰减有两种测试方法:一种为离散频率方法,使用可调谐的偶极子天线在各离散的频率点进行测量,这时应考虑天线的互阻抗校正系数。当使用可调谐偶极子天线,天线间距为 3 m 时,频率低于 180 MHz 时,互阻抗校正系数 ΔAF 的值参见表 2.5;当测试频率大于 180 MHz 或测量间距为 10 m 和 30 m 时,可以认为互阻抗校正系数为零。另一种为扫频方法,测试布置与离散频率方法基本相同,但使用的是双锥天线和对数周期等宽带天线,不考虑互阻抗校正系数。

表 2.5　使用两个间距为 3 m 的可调谐偶极子天线的测试场地的互阻抗校正系数

f_{m}/MHz	水平极化 $h_1 = 2$ m h_2 在 1~4 m 间扫描	垂直极化 $h_1 = 2.75$ m h_2 见表 2.4
	ΔAF/dB	
30	3.1	2.9
35	4.0	2.6
40	4.1	2.1
45	3.3	1.6
50	2.8	1.5
60	1.0	2.0
70	−0.4	1.5
80	−1.0	0.9
90	−1.0	0.7
100	−1.2	0.1
120	−0.4	−0.2
125	−0.2	−0.2
140	−0.1	0.2
150	−0.9	0.4
160	−1.5	0.5
175	−1.8	−0.2
180	−1.0	−0.4

　　图 2.6 为 NSA 校准的几何结构图和基本的测试方法。具体测量过程是:首先,用连接的点 1 和点 2 记录信号,得到 V_{DIRECT};其次,通过天线在高度上扫描,得到 V_{SITE}。将 V_{DIRECT} 和 V_{SITE} 代入式(2.5)即可得到归一化场地衰减 NSA。如果所得到的水平和垂直极化的 NSA 与 CISPR 16-1-4 中的值(理论值)差值不大于±4 dB,那么就认为该开阔试验场地满足标准要求。

　　对于上述两种 NSA 测量方法,无论是信号源的输出阻抗还是测量接收机(或频谱分析仪)的输入阻抗的失配都能引起反射,从而导致测量误差。这可以通过使用 10 dB 的衰减器来避免。将衰减器分别连接在发射天线和接收天线电缆的信号输出端。在整个 NSA 的测量过程中,每根电缆的输出端都要保留这样的衰减器。

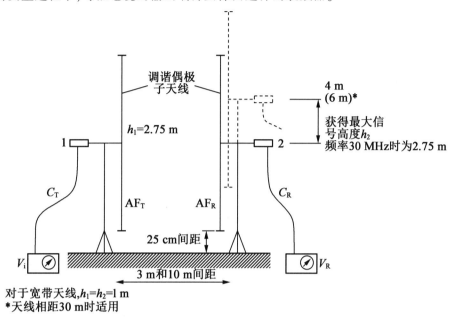

图 2.6　NSA 校准的几何结构图和基本测试方法

2.2.3　开阔试验场使用的局限性

开阔试验场简单,且完全符合 CISPR 标准的试验需要,但在实际使用时往往会受到一定的限制,主要原因包括以下几个方面。

(1)鉴于 EUT 辐射发射试验对开阔试验场的要求,一般在城市中已很难找到满足要求的场地,需要到远离城市的农村或山区才能找到合适的场地,因此往往交通不便,会给 EUT 的运输和测试带来一定的不便捷性。

(2)当使用开阔试验场进行辐射敏感度试验时,由于需要建立人为的电磁辐射场,可能会干扰周围其他设备的正常工作,妨碍通信,所以要得到当地有关部门(如无线电管理委员会)的许可。

(3)采用开阔试验场的试验还经常受到气候条件等的限制。

2.3　电波暗室

对于电磁骚扰发射的测量,开阔场是一个理想的测试场地,但在广播、通信迅速发展的今天,要想找到一块符合开阔场要求的场地是非常困难的。电波暗室作为一个内壁贴有吸波材料的电磁屏蔽室,可以模拟开阔场的自由空间传播环境,作为一种替换性的试验场地就显得十分重要。相对开阔试验场而言,电波暗室不受气候条件的限制和背景噪声的影响。正是由于它的这些特点,因此电波暗室作为电磁干扰的替换性测试场地得到了广泛应用。

2.3.1　电波暗室的分类及结构

1. 电波暗室的分类

电波暗室可以按照用途、形状、吸波材料的粘贴方式、尺寸等进行分类,具体如图 2.7所示。

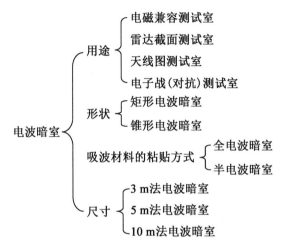

图 2.7　电波暗室的分类

电波暗室按照用途可分为天线图测试室、雷达截面测试室、电磁兼容测试室、电子战(对抗)测试室。其中,天线图测试室是专门测试天线参数的实验室,如:天线的方向图和增益等。雷达截面测试室主要用于测试舰船、飞机、导弹(火箭)、车辆等所载雷达截面。电磁兼容测试室是使用最为广泛的一种电波暗室,对于一般的电子产品,在其投入市场正式使用前都要进行辐射发射和辐射抗扰度的测试,以便判断产品是否可以投入市场,电磁兼容测试室便可以完成测试任务。电子战(对抗)测试室主要用于模拟实战电磁干扰情况下装备系统的工作状况。

电波暗室按照形状可分为矩形电波暗室、锥形电波暗室。其中,矩形电波暗室是目前的主流,标准 3 m 法、5 m 法和 10 m 法暗室都是指矩形电波暗室。锥形电波暗室的结构如图 2.8 所示,这种暗室可以有效地避免侧面、顶面和地面的反射,而这些因素经常会影响矩形电波暗室的性能。矩形电波暗室在低频(1 GHz 以下)性能比较差,锥形电波暗室就没有这个缺点,所以它常用来试验或测量卫星通信以及整个卫星。

图 2.8　锥形电波暗室

电波暗室按照内表面吸波材料的粘贴方式,可以分为半电波暗室和全电波暗室。其中,半电波暗室是除了地面(接地平板)以外,其余五面都装有吸波材料的屏蔽室,用来模拟地面附近的传播环境。作为室外开阔试验场地的替代场所,半电波暗室已被国内外标准认可,成为应用广泛的 EMC 测试场所。全电波暗室是内表面全部装有吸波材料的屏蔽室,用来模拟自由空间的传播环境。全电波暗室完全摒弃了平面大地干涉原理,对水平极化、垂直极化的一致性较好。

电波暗室按照尺寸大小可分为 3 m 法电波暗室、5 m 法电波暗室和 10 m 法电波暗室等。其中,3 m 法电波暗室的尺寸约为 9 m×6 m×6 m,主要用于小尺寸 EUT 的射频抗扰度及发射测试。5 m 法电波暗室的尺寸约为 11 m×7 m×9 m,可以测试较大体积的 EUT。10 m 法电波暗室的尺寸约为 21 m×12 m×9 m,测试数据比前述较小的电波暗室更为准确,常用于大型设备的电磁兼容或效应测试。

2. 电波暗室的结构

电波暗室是一个内壁粘贴吸波材料的电磁屏蔽室,主体由屏蔽室和粘贴的吸波材料组成。为了避免与外界电磁环境的相互影响,对用于电波暗室的电磁屏蔽室的屏蔽效能要求较高。同时,由于室内要敷设吸波材料,要求屏蔽室的结构比较牢靠,并要配备良好的通风和空气调节设施。

吸波材料是电波暗室的核心部件。早期的电波暗室采用泡沫塑料浸碳后切割成“尖劈”状,紧密地安装在电波暗室的四壁、天花板上(全电波暗室的地板也敷设吸波材料),利用尖劈材料的吸波性能来达到模拟自由空间环境的目的。但是,尖劈的长度与要吸收电磁波的波长存在一定关系,通常要求尖劈的长度大于最低吸收频率波长的 1/4,这就意味着电波暗室的吸收频率越低,所需尖劈材料的尺寸就越大。为克服这一问题,目前的吸波材料多数采用铁氧体与尖劈的复合体,利用铁氧体材料对电磁波低频段的吸收性能与传统的尖劈组合,来改善单纯尖劈材料对电波的吸收性能,从而提升电波暗室的空间利用率。

图 2.9 为 GB/T 17626.3 中给出的电波暗室试验系统的典型结构,主要由电波暗室和控制室两部分组成。该电波暗室就是一个标准的半电波暗室,要求在内墙和顶部均粘贴吸波材料,电波暗室内放置有测试台和天线塔;控制室内主要放置测试设备,包括信号

源、功放、接收机等。

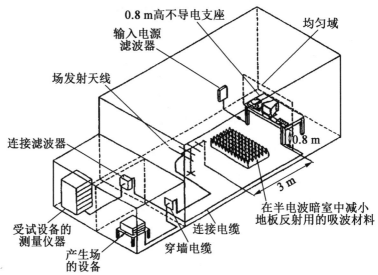

注:为了简明而省略了墙上和顶部的吸波材料。

图2.9　GB/T 17626.3中电波暗室试验系统典型结构

图2.10为GJB 151B中给出的电波暗室典型结构图。与传统的电波暗室不同,该电波暗室地面以外的吸波材料不是满铺的,标准中给出的要求是在发射天线的后面和EUT测试配置边界的上面、后面和两侧面对应的屏蔽室内壁上安装吸波材料。

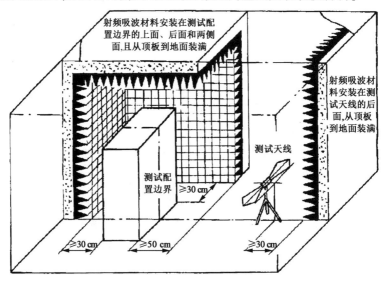

图2.10　GJB 151B中电波暗室典型结构

2.3.2　电波暗室的指标及要求

1. 电波暗室的工作频率范围

电波暗室的工作频率范围由暗室的功能、吸波材料的性能、屏蔽效能、需满足的军标或民标要求等来决定。例如,为满足 30 MHz~18 GHz 频率范围的归一化场地衰减要求,通常暗室需采用复合型的宽带吸波材料。近几年,新建电波暗室的工作频率范围通常优于 10 kHz~18 GHz,个别实验室要求频率上限为 40 GHz。

2. 电波暗室的尺寸

暗室的长、宽、高是相对于 EUT 的最大尺寸和执行的 EMC 标准确定的,在电波暗室内进行辐射发射和敏感度测试时,希望 EUT 布置在暗室的静区范围之内(一般将产品置于转台上),并且与壳体上的吸波材料尖端有适当的间隙。CISPR 民用 EMC 标准对 RE测试的收发距离通常是按 EUT 的最大尺寸来选择,见表 2.6。

表 2.6　收发距离与 EUT 最大尺寸的关系

EUT 最大尺寸 a/m	收发距离 L/m
<1.2	3
<4.0	10
<12.0	30

除了表 2.6 所示的 3 m 法电波暗室、10 m 法电波暗室、30 m 法电波暗室外,近年来欧盟标准又出现了 5 m 法电波暗室,用于 EUT 最大尺寸小于 2.0 m 的测试。

对于理想的电波暗室,若收发距离为 L,则暗室净空间的尺寸至少应满足长度为 $2L$,宽度为 $\sqrt{3}L$,高度由下式来计算选取:

$$H = \frac{\sqrt{3}}{2}L + 2 \tag{2.7}$$

在确定暗室的实际壳体尺寸时,应在暗室净空尺寸的基础上加上复合型吸波材料的高度,使粘贴完吸波材料的暗室的净空尺寸满足上述要求。此外,还应考虑 EUT 的摆放、测试天线的架设、人员活动空间、标准要求预留的最小尺寸等。

3. 静区尺寸

静区是指电波暗室内受反射干扰最弱的区域,一般为一个圆柱体区域。在静区内,一般要求电磁波直接到达的能量与从电波暗室内任一表面反射回来的能量之比超过40 dB。暗室的静区是以转台旋转轴为轴线、一定直径(取决于受试件大小)的圆柱体,长方形全电波暗室中的静区截面积不可能大于暗室横截面的 40%。例如,3 m 法电波暗室的静区大约是一个 2 m 直径的圆柱体区域。

4. 屏蔽效能

电波暗室的屏蔽性能用屏蔽效能来衡量。该屏蔽效能指的是模拟干扰源置于屏蔽壳体外时,屏蔽体安装前后的电场强度、磁场强度或功率的比值。暗室屏蔽效果的好坏不仅与屏蔽材料的性能有关,还与壳体上可能存在的各种不连续的形状和孔洞有关,例如屏蔽材料间的焊缝、暗室的通风窗、屏蔽门等。在 1 MHz~10 GHz 频率范围内暗室的屏蔽效能达到 100 dB 并不难,但是在 10 kHz~1 MHz 和高频(10~40 GHz)要达到较高的屏蔽效能,对焊缝、屏蔽门、通风截止波导窗的设计和制造都要严格要求。GJB 2926—97 对电波暗室屏蔽效能的要求见表 2.7。

表 2.7　GJB 2926—97 对电波暗室屏蔽效能的要求

频率范围	屏蔽效能/dB
14 kHz~1 MHz	>60
1~1 000 MHz	>90
1~18 GHz	>80

5. 吸波材料要求

在电波暗室内进行辐射发射和敏感度测试时,为了减小反射,提升测试的准确性和重复性,应尽量采用复合型吸波材料,以减小占空体积,并在较宽的频率范围内获得较好的吸波性能。GJB 2926—97《电磁兼容性测试实验室认可要求》中规定了电波暗室吸波材料反射损耗的最低性能要求,见表 2.8。

表 2.8　射频吸波材料反射损耗(垂直入射)

频率范围/MHz	最小反射损耗/dB
30~250	6
>250	10

6. 电磁环境电平要求

在 EUT 断电但辅助设备通电时,试验场地的传导和耦合电平与频率的关系通常叫该场地的电磁环境电平(电源线上的环境电平应在断开 EUT、接上一个与 EUT 具有相同额定电压的阻性负载的情况下测量)。不同的标准对电磁环境电平有不同的要求。

电波暗室的电磁环境电平测试分为辐射和传导两种模式。电波暗室的辐射发射环境电平与暗室的屏蔽效能和场地衰减特性有关。根据 GJB 151B 的规定,在 25 Hz~100 kHz 磁场辐射发射、10 kHz~18 GHz 电场辐射发射测试中,电波暗室在全频段范围内电磁环境电平应至少低于极限值 6 dB。电波暗室的传导发射环境电平与暗室的接地、绝缘性能指标有关,与电源滤波器的性能好坏有关。根据 GJB 151B 的规定,在 25 Hz~10

MHz 范围内进行电源线传导发射测试时,电波暗室在全频段范围内电磁环境电平应至少低于极限值 6 dB。

7. 接地电阻要求

屏蔽室要有单独的屏蔽接地网,接地电阻小于 1 Ω。为了获得低的接地电阻,有时需对屏蔽室附近的土壤进行一些化学处理,以提高土壤的导电率。为了减少地线阻抗,接地线可采用高导电率的扁状导体,推荐用截面为 100 mm×1.5 mm 的铜带,将屏蔽地网与屏蔽体的一点(一般将该点作为电源滤波器的接地点)连接起来,线越短越好。此处,切忌将接地线与电源线平行铺设。

8. 电源滤波器要求

电波暗室的供电线路必须通过电源滤波器才能进入室内。电源滤波器的作用是防止电网的电磁干扰影响电波暗室内的设备,同时也防止暗室内设备的电磁干扰进入电网。电源滤波器的质量和安装方法对屏蔽室的屏蔽效能影响很大,其安装必须遵循以下原则:

(1)进入屏蔽室的每根电源线(含地线)都应安装滤波器;

(2)滤波器应安装在电源穿越屏蔽室的入口处;

(3)所有电源滤波器应集中在一起,并靠近屏蔽室的接地点;

(4)滤波器的输入引线或输出引线应通过金属导管穿越屏蔽室墙壁。

2.3.3　归一化场地衰减

电波暗室是为模拟开阔试验场而建造的,暗室中的归一化场地衰减(NSA)应与开阔场一致,以表明两者的相似程度。当测试值与标准值之差小于±4 dB 时,则认为该电波暗室可作为开阔场的替代场地(称为 4 dB 准则)。

对于电波暗室 NSA 的测量,美国国家标准 ANSI C63.4 和 CISPR 16-1-4、GB/T 6113.104 等标准做了如下规定:

(1)用双锥天线和对数周期天线等宽带天线进行测量,而不用偶极子天线,原因是低频时双锥天线和对数周期天线比偶极子天线的尺寸小,又便于扫频测量。

(2)对于可替换的试验场地(电波暗室),只进行单次的 NSA 测量是不够的,原因是天线可能接收到来自结构(建筑物)或吸波材料的反射。为此,标准中要求多达 20 次的 NSA 测量。包括:水平面内五个位置(中心、左 0.75 m、右 0.75 m、前 0.75 m、后 0.75 m),两种极化方向(水平、垂直)和两个高度(水平极化时 1 m 和 2 m;垂直极化时 1 m 和 1.5 m),如图 2.11 所示。

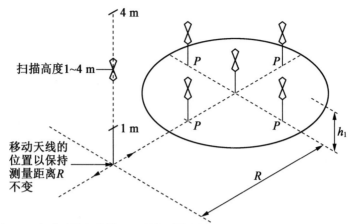

注:(1)P为受试设备旋转360°所得到的周界。
　　(2)h_1为1 m和1.5 m。
　　(3)R为发射天线和接收天线的中心垂直投影之间的距离。

(a)用于替换试验场地的垂直极化NSA测量时典型的天线位置的示意图

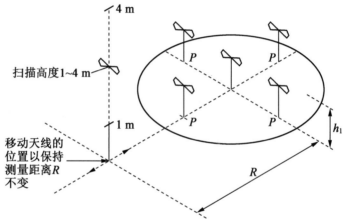

注:(1)P为受试设备旋转360°所得到的周界。
　　(2)h_1为1 m和1.5 m。
　　(3)R为发射天线和接收天线的中心垂直投影之间的距离。

(b)用于替换试验场地的水平极化NSA测量时典型的天线位置的示意图

图 2.11　电波暗室 NSA 测量的典型天线位置

2.3.4　场均匀性

测试电波暗室中场地的均匀性,是为了确保 EUT 在该测试空间内进行电磁场辐射敏感度试验时,具有有效性和可比性。

电波暗室的"均匀域"是一个假想场的垂直平面,在该平面中场的变化足够小,标准中规定该均匀区域为 1.5 m×1.5 m 的垂直平面,如图 2.12 所示。

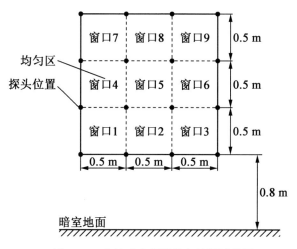

图 2.12 电波暗室场地均匀性测试位置

对于半电波暗室,由于无法在接近参考地板处建立均匀场,因此虚拟的"均匀域"的离地高度不得低于 0.8 m,最终 EUT 的高度也不得低于此值。

电波暗室场均匀性测试配置如图 2.13 所示,具体的测试方法如下:

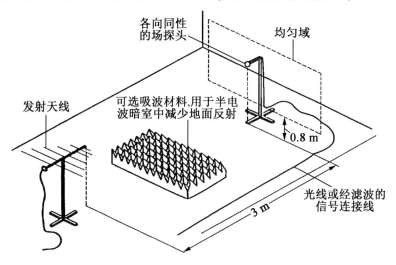

图 2.13 电波暗室场均匀性测试配置

(1)将场强传感器分别置于均匀域的每个点上;

(2)信号发生器不加调制,调整发射天线输入功率,使接收来自发射天线的场强(3~10 V/m);

(3)发射天线与传感器的距离至少为 1 m 或 3 m,在有争议的情况下,优先在 3 m 处进行测试;

(4)测试时,发射天线的放置位置应能使 1.5 m×1.5 m 面积处于发射场主波瓣宽度之内,或发射天线在不同位置测试,使 EUT 表面在一系列测试中能被覆盖。

测试时,水平极化和垂直极化都应以不大于 10%起始频率的步长进行测试并记录数据。在对测试的 16 个点结果的分析之后,删除 25% 最大偏差的数据点(即 16 个点中的 4 个),保留点的场强偏差应在 ±3 dB 之内。在保留的 12 个点中,以最低场强作为参考点,其他点的场强幅值偏差在 0~6 dB 之内,则这时可认为场是均匀的。

2.4　基于开阔试验场或电波暗室的效应试验方法

2.4.1　试验依据的相关标准

目前,采用开阔试验场或电波暗室作为标准测试场地开展电磁发射和敏感度测试的试验标准主要包括国际(外)标准和国内标准。

1. 国际(外)标准

采用开阔试验场或电波暗室作为标准测试场地开展电磁发射和敏感度测试的国际(外)标准包括:

(1)IEC 61000-4-3 Electromagnetic compatibility (EMC)-Part 4-3:Testing and measurement techniques-Radiated, radio-frequency electromagnetic field immunity test。

该标准(2020 年版)规定了射频电磁场辐射抗扰度试验的试验等级和必要的试验程序。在该标准中,为防止试验所产生的场对外界环境的影响,推荐使用电波暗室作为测试场地。

(2)CISPR 16-2-3 Specification for radio disturbance and immunity measuring apparatus and methods-Part 2-3:Methods of measurement of disturbances and immunity-Radiated disturbance measurements。

该标准(2016 年版)规定了 9 kHz~18 GHz 频率范围内辐射骚扰的测量方法。对于 30 MHz~1 000 MHz 的辐射发射试验,推荐使用开阔试验场或半电波暗室作为测试场地;对于 1 GHz~18 GHz 的辐射发射试验,推荐使用铺有吸波材料的开阔试验场地或全电波暗室作为测试场地。

(3)CISPR 16-2-4 Specification for radio disturbance and immunity measuring apparatus and methods-Part 2-4:Methods of measurement of disturbances and immunity-Immunity measurements。

该标准(2003 年版)规定了 9 kHz~18 GHz 频率范围内电磁兼容抗扰度现象的测量方法,可使用的测试场地包括开阔试验场地和电波暗室。

(4)MIL-STD-461G Requirements for the control of electromagnetic interference characteristics of subsystems and equipment。

该标准规定了军用设备和分系统电磁发射和敏感度要求与测量方法。在进行辐射发射和敏感度测试时,推荐使用敷设射频吸波材料的屏蔽室(电波暗室)作为测试场地。如果在屏蔽室外进行测试,如开阔试验场,其电磁环境电平不应影响测量结果。

2. 国内标准

采用开阔试验场或电波暗室作为标准测试场地开展电磁发射和敏感度测试的国内标准主要包括：

（1）GB/T 17626.3—2016　电磁兼容　试验和测量技术　射频电磁场辐射抗扰度试验。

该标准是等效采纳的国际标准 IEC 61000-4-3（2010 年版）。

（2）GB/T 6113.203—2020　无线电骚扰和抗扰度测量设备和测量方法规范　第2-3 部分：无线电骚扰和抗扰度测量方法　辐射骚扰测量。

该标准是等效采纳的 CISPR 标准 CISPR 16-2-3（2016 年版）。

（3）GB/T 6113.204—2008　无线电骚扰和抗扰度测量设备和测量方法规范　第2-4 部分：无线电骚扰和抗扰度测量方法　抗扰度测量。

该标准是等效采纳的 CISPR 标准 CISPR 16-2-4（2003 年版）。

（4）GJB 151B—2013　军用设备和分系统电磁发射和敏感度要求与测量。

该标准主要是在参考借鉴 MIL-STD-461F 的基础上制定的，与美军最新颁布的 MIL-STD-461G 在某些项目的具体要求和测量方法上略有差别，但两者对辐射发射和敏感度测试场地的要求是一致的。

（5）GJB 8848—2016　系统电磁环境效应试验方法。

该标准是我国在系统级电磁环境效应试验领域的原创标准。该标准规定试验场地应根据试验项目的需要、受试系统的实际尺寸和具体的场地条件等因素，选择屏蔽室、电波暗室、开阔试验场、混响室或现场试验场地等。为防止受试系统与外界环境相互影响，标准推荐在屏蔽室或电波暗室内进行。当无法在屏蔽室或电波暗室内进行时，则可以在开阔试验场或现场试验场地进行，但相应的电磁环境电平不应影响试验结果。

2.4.2　辐射敏感度测试方法

1. 基本要求及试验配置

电波暗室辐射敏感度测试配置中，通常 EUT 放置在电波暗室均匀区内的转台上；发射天线与 EUT 之间的距离应满足标准规定距离，通常为 1 m（军标）、3 m（民标）和 10 m（民标）；信号源、功率放大器等设备放置在与电波暗室相连的屏蔽测试间内，通过穿墙电缆与发射天线相连；受试设备的测量仪器和监控设备放置在屏蔽测试间内，用以监控 EUT 的工作状态；所有 EUT 应尽可能在实际工作状态下运行，布线应按生产厂推荐的规程进行。需要注意的是，在不同的标准中，对台式设备和落地式设备的试验配置略有不同。以下是 GB/T 17626.3—2016 与 GJB 151B—2013 中台式设备和落地式设备的具体试验配置：

（1）GB/T 17626.3—2016。台式设备，EUT 应放置在一个 0.8 m 高的绝缘试验台上；落地式设备，应置于高出地面 0.05~0.15 m 的非导体支撑物上，以防止 EUT 的偶然接地和场的畸变。具体设置如图 2.14 和图 2.15 所示。

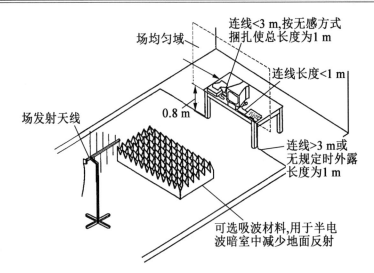

图 2.14　台式设备的试验配置(GB/T 17626.3—2016)

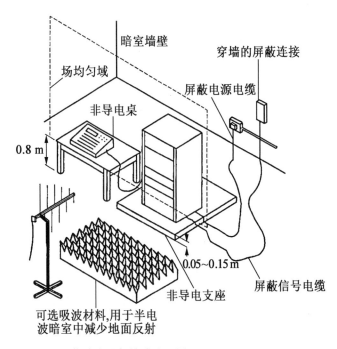

图 2.15　落地式设备的试验配置(GB/T 17626.3—2016)

(2)GJB 151B—2013。台式设备,EUT 应放置在一个 0.8~0.9 m 高的试验台上,接地与否取决于 EUT 的实际工作状态;落地式设备,接地与否取决于 EUT 的实际工作状态。所有线缆用非导电支撑物支撑,并位于接地平板上方 5 cm 处,支撑物的介电常数尽量低。具体设置如图 2.16、图 2.17 所示。

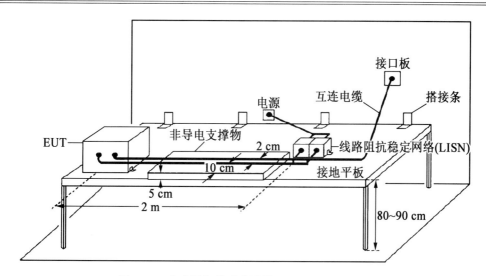

图 2.16　台式设备的试验配置（GJB 151B—2013）

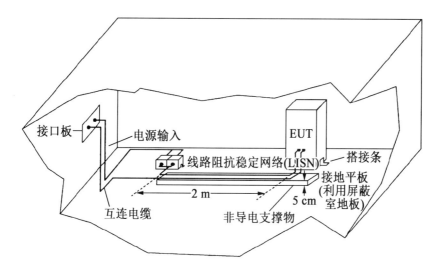

图 2.17　落地式设备的试验配置（GJB 151B—2013）

2. 辐射敏感度测试流程

综合 GJB 151B—2013 和 GB/T 17626.3—2016 等标准要求,这里给出基于电波暗室的电磁辐射敏感度试验步骤,具体如下:

(1)连接电磁辐射敏感度测试系统,将 EUT 放置于电波暗室的测试区域。

(2)将 EUT 及所有测试设备开机并预热,使其处于正常工作状态。

(3)用标准规定的调制方式进行调制后,在预定的频率范围内进行扫描试验。在每一个频率点上,扫描驻留时间应不短于 EUT 动作及响应所需的时间,且不得短于标准规定时间。

(4)通过调整信号源输出及功放增益大小,使测试系统达到标准中规定的限值要求,最终完成 EUT 电磁辐射敏感度测试。

在试验过程中,需要注意以下几点:

(1)发射天线应对 EUT 的各个侧面逐一进行试验,当 EUT 能以不同方向(如垂直或水平)放置使用时,各个侧面均应试验。

(2)对 EUT 的每一侧面需在发射天线的两种极化状态下进行试验,在试验过程中应尽可能使 EUT 充分运行,并在所有选定的敏感运行模式下进行敏感度试验。

(3)当 EUT 出现敏感现象时,还应在 EUT 敏感现象刚好不出现的情况下确定敏感度门限电平值。

(4)关于试验场强,要求是调制波形的峰值与规定的试验电平对应一致,而不是调制波形的有效值与试验电平一致;当使用电场传感器(如场强计)监测调制后信号的辐射场强时,若其测试值不是峰值电平(如有效值),应注意将测试值折算为峰值。

3.试验频点选择方法

对于敏感度测试,GJB 151B—2013 要求测试频率应在适用的频率范围内进行线性步长或指数步长(倍乘因子)扫描,其扫描步长见表 2.9。其中,f_0 表示信号发生器的调谐频率。

表 2.9　频率范围及扫描步长要求

频率范围	步进式扫描最大步长
25 Hz~1 MHz	$0.05\,f_0$
1 MHz~30 MHz	$0.01\,f_0$
30 MHz~1 GHz	$0.005\,f_0$
1 GHz~40 GHz	$0.002\,5\,f_0$

当试验出现干扰现象时,应在干扰频点附近进行插值,降低测试步长,测试频点的数量以能够准确反映出 EUT 敏感度的变化情况为宜。对于 EUT 的敏感频点(如时钟频率、本振频率等),即使未能落在扫描频点上,也应单独考虑。此外,GJB 151B—2013 中的 RS103 测试项目规定,电磁辐射敏感度试验不适用于连接天线的接收机的调谐频率(水面舰船和潜艇除外)。

4.辐射场强测试方法

测试或校准辐射场强是电磁辐射敏感度试验的重要环节,GJB 151B—2013 中给出了相应的测试方法。除此之外,根据电磁辐射效应试验的实际需要,还有一些非标准的测试方法可供参考。

(1)GJB 151B—2013 给出的两种测试方法。

①电场传感器法(无频率限制)。

电场传感器法的测试配置如图 2.18 所示。测试时,电场传感器应对准发射天线,不能把传感器放在偏离天线主瓣的边沿上,且电场传感器、EUT 与发射天线之间的距离应相同。记录 EUT 辐射发射在电场传感器上显示的幅度,必要时改变电场传感器的位置,直到该幅度小于测试场强限值的 10%。

需要注意的是,该方法是把电场传感器放在 EUT 周围进行直接测试,但 EUT 的存在可能导致环境电场发生畸变。因此,该方法测试得到的是畸变之后的场,并非原始的环境场强。

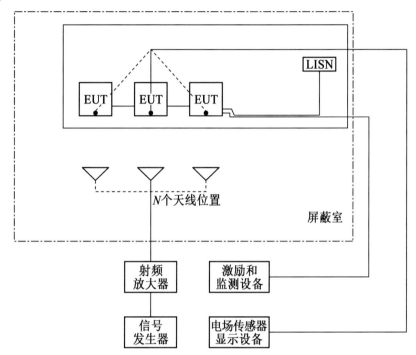

图 2.18　电场传感器法测试配置(GJB 151B—2013)

②接收天线法(应用频率 1 GHz 以上)。

接收天线法的测试配置如图 2.19 所示。与电场传感器法不同,接收天线法首先需要将 EUT 移除,接收天线放置在绝缘介质支架上,高度与 EUT 中心相同;而后,在测试频率点建立电场,逐渐加大场强直至限值,并记录保持限值场强所需要馈给发射天线的功率电平;正式开展 EUT 敏感度试验时,按照校验数据调整输入功率的大小,开展电磁辐射敏感度试验。

接收天线法的应用频率是 1 GHz 以上。尽管该方法可以克服电场传感器法中 EUT 可能导致环境电场畸变的问题,但是该方法在前期对各频点的校验试验比较复杂,同时也无法在试验过程中对辐射场环境进行实时监测。

(2)两种非标准辐射场强测试方法。

①场强外推测试方法。

该方法主要解决场强计测量范围以外辐射场强测试的问题,可应用于电子设备带内电磁辐射敏感度阈值的准确测定。

在远场条件下,辐射场强与发射功率的平方根成正比:

$$E = \frac{\sqrt{30 P_\mathrm{T} G}}{d} \qquad (2.8)$$

式中，E 为场强计所处位置的辐射场强；P_T 为辐射天线输入功率；G 为天线增益；d 为场强计与辐射天线之间的距离。

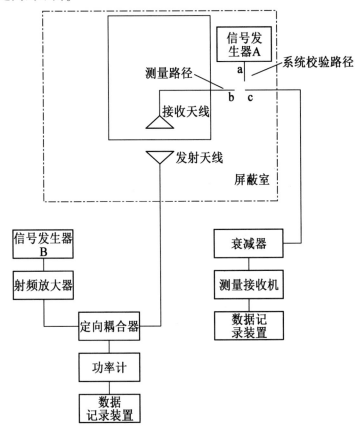

图 2.19　接收天线法测试配置（GJB 151B—2013）

为此，在测试过程中，首先选择合适的输入功率 P_0，利用场强计可以测试得到天线输入功率 P_0 下的辐射场强为 E_0。那么，在满足远场试验条件的前提下，保持场强计与辐射天线之间的距离不变，辐射天线输入功率为 P_T，能够产生的辐射场强为 E_T，即

$$E_\mathrm{T} = \sqrt{\frac{P_\mathrm{T}}{P_0}} E_0 \qquad (2.9)$$

此处，需要注意的是，当 $P_\mathrm{T} < P_0$ 时，向下外推不存在误差；当 $P_\mathrm{T} > P_0$ 时，则要考虑外推非线性的问题。

②位置替代测试方法。

该方法主要是解决非标准测试过程中 EUT 所在位置辐射场强实时监测的问题，可应用于装备电磁环境效应试验中环境场强的实时监测，具体测试设置如图 2.20 所示。在测试中，通过实时监测 E 点位置（远离 EUT 场畸变区域）的场强，来反映 EUT 所处位置的环境场强。

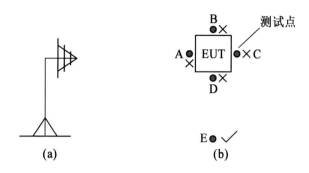

图 2.20　位置替代测试方法

采用位置替代测试方法对 EUT 所处位置的场强进行实时监测,主要是基于以下考虑:

(1)EUT 的引入会引起其周围的场产生畸变,A~D 点测试得到的是放入 EUT 后的畸变场,与环境场强的差别可能较大,而试验所关心的恰恰是环境场强的大小;

(2)替代测试位置 E 点远离 EUT,受 EUT 对环境场强的影响小,放入 EUT 后测试得到的基本上仍然是 E 点的环境场强;

(3)EUT 所在位置的环境场强与 E 点的环境场强存在相关性,通过预先试验可以获取两者之间的对应关系,进而实现场强的位置替代测试。

2.4.3　辐射发射测试方法

辐射发射是指以电磁波形式通过空间传播的有用或无用的电磁能量。在进行电磁辐射发射测试时,有时需要测量辐射的电场、磁场或者两个分量,有时需要测量辐射功率。此处,重点关注电场和磁场的辐射发射测试方法。

1. 试验配置

图 2.21 是一个测试受试设备辐射发射的示意图。测试仪器放在与电波暗室紧挨的屏蔽室中,虽然并不总是有必要将测试设备放在屏蔽室内,但这种做法还是有优势的,尤其是在需要进行微弱信号测试的时候。受试设备由从转台附近的暗室地板接入的单独电源电缆供电,接收天线的输出通过精确校准过的电缆连接至测试辐射发射的接收机,通过接收机或频谱仪测量各频段的辐射发射,控制计算机通过 GPIB 等接口读取接收机或频谱仪的测量值,并完成转台旋转、天线升降控制等控制过程。对于弱信号的测量,可以选用合适频段的前置放大器进行预放大。

在不同的标准中,受试设备和天线的布置略有不同。GB/T 6113.203—2020 中规定,受试设备发射场强的测量距离应大于或等于 1 m 且小于或等于 10 m,首选试验距离为 3 m。台式设备应放置在非金属桌面上,桌子的高度为 0.8 m,而落地式设备则距离地平面不超过 15 cm,并与之绝缘。为了找到最大发射方向,受试设备需要旋转 360°,通常将受试设备放在转台上完成。

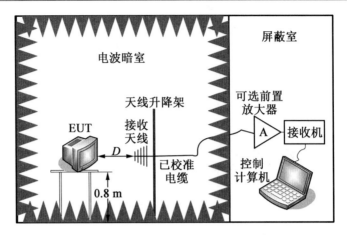

图 2.21　测试受试设备的辐射发射示意图

　　GJB 151B—2013 中规定,电场测试天线距离受试设备边界的距离为 1 m。台式设备放置在一个 0.8~0.9 m 高的试验台上,落地式设备的所有线缆用 5 cm 高的非导电支撑物支撑,受试设备接地与否取决于其实际工作状态。此外,受试设备应安装在模拟实际情况的接地平板上。如果实际情况未知,或有多种安装形式时,则应使用金属接地平板。除另有规定,接地平板的面积应不小于 2.25 m²,其短边不小于 0.76 m。如果受试设备安装中不存在接地平板,受试设备应放在非导电试验台上。

　　2. 磁场辐射发射测量

　　根据 GJB 151B—2013 的规定,磁场辐射发射(RE101)是测量 25 Hz~100 kHz 频段来自被测件及其电线的磁场辐射,采用接收环天线进行测量,如图 2.22 所示。其中,接收环天线的直径为 13.3 cm,匝数为 36 匝,为防止静电场影响测试结果,磁场接收环应采取静电屏蔽。测试时,①将 EUT 通电预热,达到稳定工作状态;②将接收环天线放在距离EUT 表面或电连接器 7 cm 处,使其平行于 EUT 表面或电连接器的轴线;③在使用的频率范围内扫描,找到最大辐射的频点或频段;④将测量接收机调到所确定的频点或频段,在EUT 表面或电连接器附近移动环天线(保持 7 cm 距离)的同时,监测测量接收机的输出,注明所确定的每个频率的最大辐射点;⑤在距离最大辐射点 7 cm 处,调整接收环天线的方向以便在测量接收机上获得最大读数并记录。试验中,200 Hz 以下每倍频程至少选 2个最大辐射频点,200 Hz 以上每倍频程至少选 3 个最大辐射频点。此外,对于 EUT 的每个面、每个电连接器均要重复上述操作。

　　3. 电场辐射发射测量

　　根据 GJB 151B—2013 的规定,电场辐射发射(RE102)是测量 10 kHz~18 GHz 频段来自被测件及电源线和互连线的电场泄漏,测试设置如图 2.23 所示。测试设备包括测量接收机、数据记录装置、测量天线及阻抗稳定网络等。在整个测量频段,需由 4 副天线覆盖,包括具有阻抗匹配网络的 104 cm 杆天线(10 kHz~30 MHz)、双锥天线(30 MHz~200 MHz)、双脊喇叭天线(200 MHz~1 GHz)和双脊喇叭天线(1 GHz~18 GHz)。由此,电场辐射发射的具体测试流程如下:

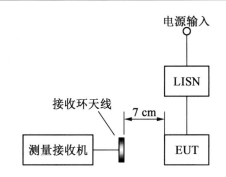

图 2.22　RE101 测试配置(GJB 151B—2013)

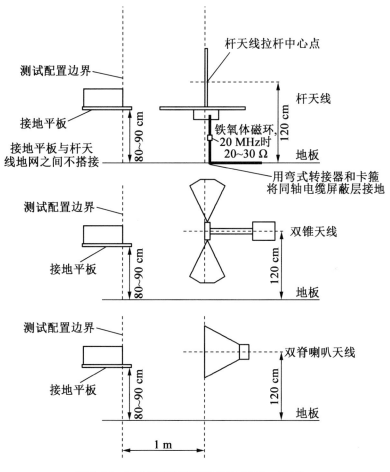

图 2.23　RE102 测试配置(GJB 151B—2013)

（1）按照标准要求进行基本试验配置,确保 EUT 产生最大辐射发射的面朝向测试配置边界的前沿;

（2）正式测试前,应对环境电磁场进行测量,先切断被测件电源,对所关心的频段进行扫描,检查环境电平是否在极限值以下,一般要求环境电平低于极限值 6 dB,若有超出,则应予以记录,以便在正式测试时剔除;

（3）EUT 通电预热达到稳定工作状态后，使用接收机在特定的频率范围内进行扫描，30 MHz 以下天线取垂直极化方向，30 MHz 以上天线取水平和垂直两个极化方向，从而测得 EUT 的最大辐射发射，并检验测得的数据是否符合相关规范的要求。

2.5　典型效应试验案例分析

通信装备是军事领域应用相当广泛的一类电子设备，是保证战场信息畅通的纽带，研究其电磁环境效应对提升装备在复杂电磁环境下的适应能力具有重要的指导意义。下面，以几种典型通信装备为受试对象，基于辐射式电磁环境试验系统，开展电磁辐射敏感度试验测试。

2.5.1　试验设置及流程

以某 4 型通信电台作为受试设备（分别记为 EUT-A、EUT-B、EUT-C、EUT-D），分别基于辐射式电磁环境试验系统，对上述受试设备开展电磁辐射效应试验。具体的试验流程如下：

（1）依据 GJB 151B—2013《军用设备和分系统电磁发射和敏感度要求与测量》中 RS103 规定的试验方法配置试验设备；

（2）设置通信电台的工作频率，将受试接收电台放置于均匀场测试区域，发射电台距离接收电台 50 m，为了模拟 2 台电台之间的远距离通信，将发射电台与辐射天线之间连接 40 dB 左右的衰减器；

（3）将信号源调到 1 kHz，占空比 50% 脉冲调制；

（4）按照规定的速率和驻留时间在要求的频率范围内进行扫描，保持场强电平达到标准中规定的极限值；

（5）通过上述扫描测试，记录电台受干扰的试验频点，并再次逐一干扰频点进行辐射效应试验，获取受试电台的辐射敏感度阈值；

（6）更换电台工作频率，重复上述步骤，完成测试。

2.5.2　试验结果分析

试验时，以信息难以分辨或误码率达到 10% 为临界干扰状态，受试设备的电磁辐射效应试验结果如图 2.24 所示。

通过观察受试设备的电磁辐射敏感试验现象，结合图 2.24 所示的受试设备电磁辐射敏感度阈值曲线，受试通信装备的电磁辐射效应规律主要有以下几点。

（1）不同受试电台的连续波电磁辐射阻塞现象大同小异。电台采用不同频点工作时，干扰现象基本一致。随着辐射场强的提高，通话音量逐步降低直至出现强噪声、通信信息难以分辨。

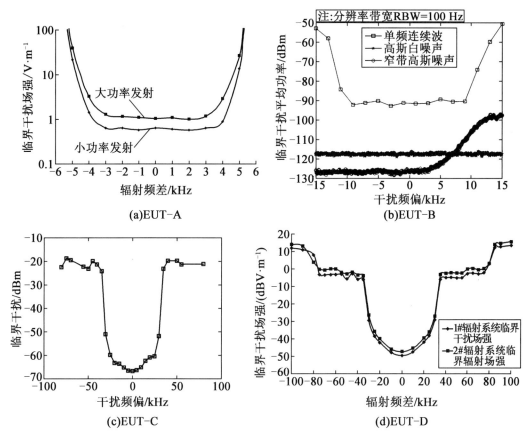

图 2.24　典型通信电台的电磁辐射敏感度阈值测试曲线

（2）受试电台的电磁辐射敏感度阈值随干扰频偏的变化曲线均呈现出明显的"U"形特征,但不同受试电台的敏感带宽稍有不同,变化范围基本上在±(10 kHz~30 kHz)之间。

（3）从图 2.24(a) 中受试电台在不同工作功率下的辐射敏感度曲线对比来看,受试电台的带内抗电磁干扰能力与其接收信号强度基本上是成正比的。

（3）受试电台的抗带外干扰能力一般较强,仅能够出现"自动重启"效应,且带外电磁辐射敏感度与其工作频率、辅助电台发射功率关系不大。

第3章 电波混响室试验系统与效应试验方法

电波混响室(Reverberation Chamber)是继开阔试验场、电波暗室、GTEM室之后提出的电磁兼容性测试新平台。它能以较小的输入功率产生较高的场强,产生的电磁环境与电子设备内部真实电磁场分布情况十分接近,是一种理想的电磁环境效应试验平台,非常适于开展电子装备的电磁环境效应研究。本章将从电波混响室的结构和工作原理出发,介绍电波混响室的主要特点、技术参数和校准方法,并结合相关标准给出基于混响室的辐射敏感度和辐射发射测试方法。

3.1 工作原理及主要技术指标

电波混响室的实现形式和种类有很多,包括机械搅拌式混响室、源搅拌混响室、频率搅拌混响室、漫射体式混响室、纹波墙式混响室、摆动墙式混响室和本征混响室等。目前,得到标准认可、应用最多的电波混响室是机械搅拌式混响室。机械搅拌式混响室又称为模式搅拌式混响室,它是一个电大尺寸且具有高电导率反射墙面构成的屏蔽腔室,腔室中通常安装一个或几个搅拌器,通过搅拌器的转动改变腔室的边界条件,进而在腔室内形成统计均匀、随机极化、各向同性的电磁环境。电波混响室可以进行电子设备的电磁兼容性测试,包括电磁辐射发射测试和敏感度测试以及屏蔽效能测试等。早在1968年,H. A. Mendes就提出将空腔谐振用于电磁辐射测量的想法。第一个专门规范混响室的标准是美国通用汽车公司1993年6月发布的标准GM 9120P《辐射电磁场抗扰度(混响法)》。1999年9月发布的美国军用标准MIL-STD-461E《电磁干扰发射和敏感度控制要求》也接受了混响室这一测量场地。2003年6月,国际电工委员会(IEC)颁布了标准IEC 61000-4-21《电磁兼容-第4-21部分:测试和测量技术-混响室测试方法》。2013年颁布的标准GJB 151B《军用设备和分系统电磁发射和敏感度要求与测量》也将混响室作为标准测试场地进行辐射敏感度测试。在本书中,除非特别说明,所说的混响室特指机械搅拌式混响室。

3.1.1 混响室结构及原理

混响室的典型结构配置图如图3.1所示,其主要由屏蔽腔体、搅拌器、驱动电机、信号源及功率放大器、发射天线、接收天线(或场强计)以及控制设备等组成,其工作原理是在高品质因数(Q)的屏蔽腔室中安装机械搅拌器,通过搅拌器的转动改变腔室内部的多模电磁环境的边界条件。在每个边界条件下,腔室内的电磁场分布可以看作一个统计样本,搅拌器转动一周后得到的样本可以认为是统计均匀、随机极化和各向同性分布的。需要注意的是,混响室必须有足够多的独立统计样本才能满足电场均匀性的要求。

混响室与开阔试验场、电波暗室、GTEM 室结构配置的最明显的差异就是具有贯穿屏蔽腔体的搅拌器。正是由于混响室与开阔试验场、电波暗室等传统测试场地在工作原理上的不同,其在腔体结构、屏蔽材料、搅拌器设计等方面有一定的要求。

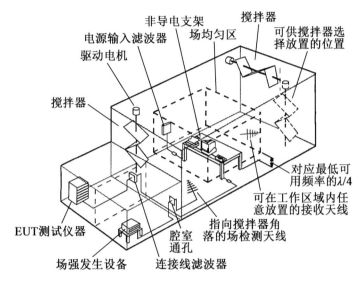

图 3.1　混响室典型结构配置图

1. 屏蔽腔体

屏蔽腔体的腔壁材料一般选用高反射率的金属材料,如镀锌钢板等,以满足混响室高 Q 值的要求。

混响室屏蔽腔体的形状一般为矩形,其他形状的腔体结构也是可行的,但不同结构腔体内部的本征模分布会存在差别。例如:平行六面体本征模的分布符合正弦函数,而对于圆柱腔体,其本征模分布符合贝塞尔函数。因此,圆柱腔体对本征模分布的影响更大。此外,与对称的平行六面体腔体相比,腔壁不平行的异形腔体内部的空腔场分布完全不符合正弦函数。这种异形腔体在模式搅拌状态下,其场分布将呈现出更加明显的随机特性。

混响室屏蔽腔体的大小通常要求在最低可用频率能够产生多模的电磁环境。通常混响室腔室体积越大,容纳本征模数越多,最低可用频率越低。

2. 搅拌器

搅拌器是混响室的一个重要特征和标志。从电磁散射的角度来讲,搅拌器与混响室的各个壁面作为金属腔体的边界,一同对发射天线馈入到混响室内的电磁波能量进行多次的反射和散射。由于搅拌器和混响室的壁面均为良性导体,吸收损耗小,经过多次反射和散射后的信号相互叠加,使混响室内空间部分位置的功率密度增大,形成较强的空间场强,而有些位置则有可能因反相叠加而得到很小的场强。通过搅拌器的旋转,不断改变金属腔体内部的边界条件,搅拌器的反射和散射特性随之改变,导致腔体空间内最大场强值的位置随机变化,从而使区域内每一点均能达到所期望的高场强。另外,由于搅拌器和混响室壁面的随机散射和反射,电磁波的极化特性也变得混乱和随机,从而形成统计意义上的统计均匀和各向同性。

搅拌器的形状和几何尺寸是影响混响室性能的重要因素,需要根据混响室的使用频率范围和屏蔽腔体内部空间的大小来进行设计。由于混响室内的电磁波是由未经搅拌器搅拌的直射电磁波和经搅拌器搅拌后的反射电磁波(此类电磁波是随机的)共同构成,为了得到统计均匀场,应尽量减少混响室内部未经搅拌器搅拌的直射电磁波。从这个角度考虑,搅拌器的面积越大越好。特别是在混响室的下限可用频率附近,混响室的机械搅拌器不能太小,否则就会使电磁波在搅拌器的桨叶附近发生绕射,从而不能实现电磁场的有效搅拌。在 IEC 61000-4-21 中,对混响室内机械搅拌器的尺寸做了如下的要求:搅拌器某一维的尺寸至少为最低可用频率对应波长的 1/4,每一个搅拌器的该维尺寸相对于混响室的该维尺寸都应尽量大,且应至少为混响室最小尺寸的 3/4。另外,为了确保搅拌器的搅拌效果,每个搅拌器应设计为不对称结构,即使在搅拌器旋转一周的过程中混响室内的场分布不应出现重复。

搅拌器的数量对混响室内电磁场分布的均匀性、均匀场建立时间、有效测试空间大小等也会产生影响。根据搅拌器数量的不同,一般可将搅拌器分为单搅拌器、双搅拌器和多搅拌器等几种类型。通常情况下,单搅拌器(图 3.2(a))由于搅拌维数低,会对响应时间、场均匀度、实际可用空间尺寸造成影响,并且需要大马力电机进行驱动;而三维搅拌器的响应时间较快,但本身体积较大,会使有效测试空间减小。因此,从成本和效果的角度考虑,一般采用二维运动的双搅拌器,即包括一个横搅拌器和一个竖搅拌器,如图 3.2(b)所示。双搅拌器既能保持高响应速度的特点,又能保留可观的测试空间。一般,为了尽量不影响测试空间,通常会将搅拌器安装在混响室腔体的角落、顶部等位置。

(a)单搅拌器　　　　　　　　　(b)双搅拌器

图 3.2　混响室内不同的搅拌器数量

3. 发射天线

发射天线的作用是将信号源经功率放大器的输出信号在混响室内辐射形成电磁场。

混响室通常要求发射天线的效率应在 75% 以上,多采用对数周期天线或其他线性极化天线。

发射天线的安装位置对混响室的场均匀性影响很大。理论研究和实测结果表明,为了获得较好的场均匀性,发射天线一般应该安放在角落,并且使其辐射方向对准混响室的角落或搅拌器。这样,才有利于实现天线辐射电磁波的高效反射。

3.1.2　混响室的主要特点

混响室作为一种新的电磁兼容测试平台,除了可以像电波暗室或 GTEM 室一样有效隔离内外电磁环境以外,与传统的电磁兼容测试场地相比,还具有如下的优点:

(1)混响室墙壁为高反射率的金属材料,具有很高的品质因数,使用相对较小的功率,就可以在较大的测量空间内获得高场强;

(2)混响室可以模拟各种电大尺寸腔室内形成的漫射场,这是传统电磁兼容测试平台所不具备的特征;

(3)除低频受限外,混响室的工作频率范围宽,适用频率上限可达 18 GHz 以上;

(4)混响室的用途比较广泛,可以进行辐射发射、辐射敏感度以及各种屏蔽效能的测量;

(5)混响室的实验配置及操作过程相对简单,不需要天线扫描,不需要 EUT 旋转,不需要改变天线的极化方向;

(6)混响室内壁无吸波材料,除了节省吸波材料的费用外,还减少了整体质量及结构承重。

尽管如此,混响室在实际测试应用中也存在一定的不足之处,主要包括以下方面:

(1)EUT 失去了方向特性和极化特性,实际测试中某些情况下可能需要了解 EUT 的方向特性,但混响室的测量结果不能提供这方面的信息;

(2)由于混响室的场均匀性与机械搅拌器的转动有关,除搅拌器转动速度影响外,还需等待搅拌器完全停止振动,场达到均匀、稳定,因此数据采集过程比较费时,完成宽频带测试需要的时间往往较长;

(3)由于混响室腔体的高品质因数,电磁波会在腔室内多次反射,时间常数 τ 较长,在使用窄带脉冲测试时,较小的脉宽波形受限。

3.1.3　混响室的主要技术参数

1. 最低可用频率(LUF)

为了满足混响室工作空间的场均匀性要求,混响室的工作频率不能过小,否则就会由于混响室空间和搅拌器搅拌效率的限制,在低频条件以及相应的模密度较小的情况下,很难达到场均匀性的要求。为此,在混响室的各类测试标准中都提出了混响室最低可用频率的要求。显然,混响室内模的数目越多,其内部空间场的均匀性与各向一致性就越好。

最低可用频率是混响室在满足一定技术要求条件下的最低频率,即工作区域内基于 8 个校准位置的数据均达到场均匀性要求时的最低频率。最低可用频率由混响室的大小、腔室内的品质因数及机械搅拌器的有效性决定。

对于理想、无耗、矩形空腔来说,谐振频率 $F_{l,m,n}$ 可以通过公式(3.1)计算:

$$F_{l,m,n} = 150 \sqrt{\left(\frac{l}{L}\right)^2 + \left(\frac{m}{W}\right)^2 + \left(\frac{n}{H}\right)^2} \tag{3.1}$$

式中, $F_{l,m,n}$ 的单位为 MHz; L、W 和 H 分别表示混响室的长、宽、高,单位为 m; l、m 和 n 代表模数,至少有两个不能同时为零。

一般条件下,最低可用频率必须大于腔室的最低谐振频率 f_{110} 的 3 倍(0 对应腔室的最短边长的标号),同时还要满足在最低可用频率下至少存在 60 个模。这是混响室设计的一个指导原则。对于更严格的标准,美国军标 MIL-STD-461 规定至少要有 100 个模。Ladbury 曾经推导给出了长方体腔室内模数的计算公式:

$$N = \frac{8\pi f^3}{3c^3} L \cdot W \cdot H - (L+W+H)\frac{f}{c} + \frac{1}{2} \tag{3.2}$$

式中,N 为模数;f 为频率;c 为光速。

综合式(3.1)和式(3.2)可以看出,混响室的尺寸越大,最低谐振频率越低,谐振模式的数量越多,相应的最低可用频率也就越低。因此,对于确定尺寸的混响室来说,其工作频率理论上没有上限,为了拓展混响室的可用测试频率范围,关键的问题是如何拓展混响室工作频率的下限,即如何降低混响室的最低可用频率。

2. 品质因数(Q)

品质因数是混响室一个非常重要的参数,它是衡量腔室存储能量的度量。对于谐振频率下的谐振电路,品质因数是指最大储存能量与一个周期内消耗能量之比的 2π 倍。品质因数越大,存储电磁能量的能力越强。腔室存储能量的大小是由腔室自身的损耗决定的,与腔室的内表面面积(或混响室内部净体积)、反射材料性能、腔室的屏蔽效能、天线的发射和接收效率、电磁波的频率等因素有关。因此,混响室墙壁通常是由一些高导电率的材料,如铜、铝等制成,从而减小腔室本身对品质因数的损耗。另外,腔室内放置的天线、被测设备等也会影响到 Q 值。对于一个给定的腔室,Q 值是频率的函数,可以表示为

$$Q = \frac{2\pi \cdot 最大存储能量}{一个周期内消耗能量} = \left(\frac{16\pi^2 V}{\eta_{Rx} \eta_{Tx} \lambda^3}\right) \left\langle \frac{P_{AveRec}}{P_{Input}} \right\rangle_n \tag{3.3}$$

式中,$\langle\rangle$ 表示算术平均;V 表示腔室体积,单位为 m^3;λ 表示波长,单位为 m;P_{AveRec} 表示一个完整的搅拌周期内平均接收功率;P_{Input} 表示一个完整的搅拌周期内平均净输入功率;η_{Tx}、η_{Rx} 分别表示发射天线及接收天线的效率,通常对数周期天线取 0.75,喇叭天线取 0.9;n 表示求 Q 值的天线位置和方位数。n 所需的最少位置数仅为 1 个,然而,可在多个位置和方位计算,然后取平均。

混响室的三维空间尺寸和金属材料确定后,就可以估计混响室的品质因数。估计公式如下:

$$Q = \frac{3}{2} \cdot \frac{V}{S\delta} \cdot \frac{1}{1 + \frac{3\pi}{8k_0}\left(\frac{1}{W} + \frac{1}{L} + \frac{1}{H}\right)} \tag{3.3}$$

式中 δ 表示趋肤深度，$\delta = \sqrt{1/(\pi f \mu \sigma)}$，$\mu$ 为墙壁的磁导率；V 为混响室的体积；S 为混响室的内表面积；k_0 为波数。需要注意的是，利用公式计算的品质因数远远大于实际测量的数值。因此，这个公式只能起参考作用。

3. 品质因数带宽（BW_Q）

品质因数带宽主要用于度量混响室内相关的模式的频率范围，表征了腔室内谐振模式之间的相关性。

由于混响室内存在能量耗散，那么一个给定的模就会有一定的寿命，通常将模的寿命定义为模的振幅的平方衰减到它的初始值的 $1/e$ 时所需要的时间，用 t_p 表示，则有

$$P_t = P_0 \mathrm{e}^{-t/t_p} \tag{3.4}$$

式中，P_0 表示模的初始功率；t 表示时间；P_t 表示模在 t 时刻的功率。由此，混响室在一个周期时间 T 内的耗散功率为 $P_0 - P_T$。根据混响室品质因数的定义，可得

$$Q = 2\pi \frac{P_0}{P_0 - P_T} = 2\pi \frac{1}{1 - \mathrm{e}^{-T/t_p}} \approx 2\pi \frac{c}{\lambda} t_p \tag{3.5}$$

由式（3.5）可得

$$t_p \approx \frac{\lambda Q}{2\pi c} \tag{3.6}$$

根据式（3.6），由于模有一个有限的寿命，每一个模就必然有一个宽度，它等于品质因数带宽，用 BW_Q 表示。根据测不准关系，有

$$\Delta \omega t_p = 2\pi \Delta f t_p \approx 1 \tag{3.7}$$

结合式（3.6）和式（3.7），品质因数带宽可以通过下式计算：

$$\mathrm{BW}_Q = \Delta f \approx \frac{1}{2\pi t_p} \approx \frac{f}{Q} \tag{3.8}$$

4. 混响室的时间常数 τ

混响室的时间常数 τ 定义为当混响室内储能下降到原来的 $1/e$ 时所需要的时间。它反映了混响室内发射源关闭后，电磁能量耗散的快慢，决定了脉冲调制测试中所采用的最小脉冲宽度。

假设混响室的储能为 U，单位时间混响室消耗的能量为 P_L，则有

$$P_L = \frac{\omega U}{Q} \tag{3.9}$$

当关闭混响室发射源以后，假定能量的损耗与时间 $\mathrm{d}t$ 成正比，则有

$$\mathrm{d}U = -P_L \mathrm{d}t = -\frac{\omega U}{Q}\mathrm{d}t \tag{3.10}$$

对式（3.10）积分可得

$$U = U_0 \mathrm{e}^{-\frac{\omega}{Q}t} \qquad (3.11)$$

式中，U_0 为关闭混响室发射源时混响室的储能。

由此，可得混响室的时间常数 τ 为

$$\tau = \frac{Q}{\omega} = \frac{Q}{2\pi f} \qquad (3.12)$$

由此可见，混响室的品质因数越高，其时间常数就越大。在混响室中利用脉冲调制方式进行辐射敏感度测试时，若混响室的时间常数在超过 10% 的测试频点上都大于调制试验波形脉冲宽度的 0.4，就需采取措施降低混响室的品质因数，如在混响室内增加吸波材料。否则，就会由于混响室能量存储机制，混响室内测量到的脉冲场与无限大空间产生的脉冲场的相关性不能得到保证。

5. 天线校准系数（AVF）

天线校准系数是指混响室空腔时，搅拌器旋转一周过程中天线的归一化平均接收功率。它是与加载腔室对比的基准，用来确定放入 EUT 后腔室的加载系数（这个系数主要用于判断腔室是否过载以及修正输入功率与辐射场强之间的对应关系）。天线校准系数可以通过下式计算：

$$\mathrm{AVF} = \left\langle \frac{P_{\mathrm{AveRec}}}{P_{\mathrm{Input}}} \right\rangle_{8@ \leqslant 10f_0 \, \mathrm{or} \, 3@ >10f_0} \qquad (3.13)$$

式中，$\langle \rangle$ 表示算术平均；$8@ \leqslant 10f_0 \, \mathrm{or} \, 3@ >10f_0$ 表示如果频率小于等于 $10f_0$，8 个测试位置取平均，如果频率大于 $10f_0$，3 个测试位置取平均；P_{AveRec} 表示平均接收功率；P_{Input} 表示输入功率，即搅拌器旋转一周时间内的平均输入功率。

6. 腔室校准系数（CVF）

腔室校准系数是指 EUT 及支撑物在腔室内时，搅拌器旋转一周过程中天线的归一化平均接收功率。它主要用于计算放入 EUT 后的腔室加载系数，可以通过下式计算：

$$\mathrm{CVF} = \left\langle \frac{P_{\mathrm{AveRec}}}{P_{\mathrm{Input}}} \right\rangle_n \qquad (3.14)$$

式中，n 表示测量 CVF 时的天线位置数。仅需 1 个位置，但通常会评估多个位置，然后对位置数 n 取平均。

7. 腔室插入损耗（IL）

腔室插入损耗是空腔室时的计算值，用于辐射发射测试中计算 EUT 发射的辐射总功率，其计算公式如下：

$$\mathrm{IL} = \left\langle \frac{P_{\mathrm{MaxRec}}}{P_{\mathrm{Input}}} \right\rangle_{8@ \leqslant 10f_0 \, \mathrm{or} \, 3@ >10f_0} \qquad (3.15)$$

式中，P_{MaxRec} 表示最大接收功率；P_{Input} 表示平均输入功率，它与最大接收功率 P_{MaxRec} 所在位置都一一对应。

空载混响室的插入损耗可以为计算必须添加的装载物提供必要的信息。

3.2　混响室的校准

混响室校准的目的是验证在一定搅拌器步数条件下,混响室工作区域内的场分布是否满足均匀性指标要求。混响室校准的内容主要包括以下几点:

(1)空腔室校准;

(2)腔室最大加载校准;

(3)EUT 在内的快速校准。

其中,空腔室校准和腔室最大加载校准通常在混响室首次建好使用前或者大修后进行,在平时的测试工作开始前不需要进行这样的校准;EUT 在内的快速校准则是需要在平时混响室测试之前进行。在校准过程中,搅拌器采用步进方式进行搅拌。

3.2.1　空腔室校准

1. 校准配置

图 3.3 给出了混响室校准系统的测试配置示意图。在校准过程中,需要的仪器设备包括信号发生器、功率放大器(功放)、功率计、各向同性的电场探头、测量接收机或频谱分析仪、对数周期或线性极化收发天线、搅拌器及其控制器,以及通过 GPIB 总线控制各设备运行的计算机等。

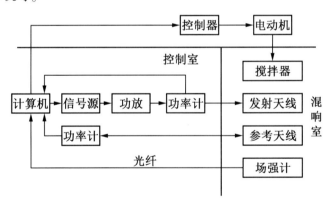

图 3.3　校准系统的测试配置示意图

在搭建校准系统时,应注意以下几点:

(1)校准是在混响室的工作区域内进行,而工作区域的定义是:工作区边界至混响室任一表面、发射天线、搅拌器之间的距离不得小于 1 m 或最低可用频率的 λ/4(取大值)。

(2)发射天线的放置应该固定,应避免直接指向工作区、接收天线及探头,最好指向腔室角落或搅拌器。

(3)混响室场均匀性校准从最低可用频率开始,当频率小于 10 倍最低可用频率时,探头需在工作区 8 个不同位置上测量;当频率大于 10 倍最低可用频率时,探头需在工作区 3 个不同位置上测量,要求其中一个位于中心。混响室工作区域及天线放置的示意图如图 3.4 所示。

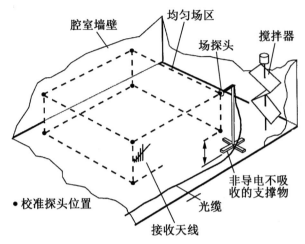

图 3.4 混响室工作区域及天线放置示意图

此外,搅拌器的旋转步数应依据标准规定,不同频率对应不同的步数,在每个位置上的停留时间要能保证设备的响应时间及工作区内的场强达到均匀、稳定。表 3.1 列出了 IEC 61000-4-21 标准中不同频段搅拌器采样数(旋转步数)和频点数的要求。其中,f_s 为起始频率,即 LUF。

表 3.1 不同频段搅拌器采样数和频点数要求

频率范围	校准及测试时推荐的最少采样数[a]	校准需要的频点数要求[b]
$f_s \sim 3f_s$	12	20
$3f_s \sim 6f_s$	12	15
$6f_s \sim 10f_s$	12	10
$>10f_s$	12	20/10 倍频程

a:所有频率的最小采样数均为 12,对于大多数混响室来说,低频需要增加采样数。最大采样数是给定搅拌器可以提供的独立采样数,该值随频率变化,需在混响室试运行时确认。

b:频点为对数间隔。

2. 校准步骤

在确定了以上信息以后,就可以开始混响室的空载校准工作,具体步骤如下:

(1)清空工作区,将发射天线、接收天线放置到合适的位置上,如图 3.4 所示,场强探头放在工作区任意一个测试位置上。

(2)从最低可用频率 f_s 开始,参照表 3.1 的规定,在不同的频率范围设置相应的频率间隔及搅拌器旋转步数,调整信号源通过发射天线输入合适的功率。

(3)按照相应步数 360°旋转搅拌器,完成一个搅拌周期。搅拌器每变换一次位置要停留足够的时间,保证仪器设备的响应时间以及工作区内的场强达到均匀、稳定的要求。

(4)在搅拌器停留的每个位置上待工作区内的场稳定后,记录平均输入功率 P_{Input}、最大接收功率 P_{MaxRec}、平均接收功率 P_{AveRec} 以及电场探头所测得的每个轴向的最强值 E_{Maxx}、E_{Maxy}、E_{Maxz}。

(5)根据表 3.1 的要求改变测试频率,重复以上步骤,直到完成所有频率的测试。

(6)对其余 7 个测试位置进行同样的测试。在进行不同位置测试时,探头位置每变动一次,接收天线的位置也要改变,每次改变较上次位置至少改变 20°。

需要注意的是,当频率大于 $10f_s$ 时,只需测试 3 个场探头位置和接收天线位置,测量仍按以上步骤进行。

3. 校准数据处理

在获得校准测试数据后,可以通过计算来判断混响室是否满足场均匀性的要求。具体的数据处理和判断方法如下:

(1)分别将电场探头获得的各个轴向的最大场强值对平均输入功率的平方根进行归一化处理:

$$\left.\begin{array}{l} E_x = \dfrac{E_{Maxx}}{\sqrt{P_{Input}}} \\[3mm] E_y = \dfrac{E_{Maxy}}{\sqrt{P_{Input}}} \\[3mm] E_z = \dfrac{E_{Maxz}}{\sqrt{P_{Input}}} \end{array}\right\} \qquad (3.16)$$

当频率在 $10f_s$ 频率以下时,每个频率计算 24 个点(共 8 个测试点,每个点有 3 个轴向分量);当频率大于 $10f_s$ 时,每个频率计算 9 个点。

(2)对于每个校准频率,计算归一化后轴向最大值及所有最大值场强之和的平均值,有

$$\langle E_x \rangle_8 = \left(\sum E_x \right)/8 \qquad (3.17)$$

$$\langle E_y \rangle_8 = \left(\sum E_y \right)/8 \qquad (3.18)$$

$$\langle E_z \rangle_8 = \left(\sum E_z \right)/8 \qquad (3.19)$$

$$\langle E \rangle_{24} = \left(\sum E_{x,y,z} \right)/24 \qquad (3.20)$$

式中,$\langle \ \rangle$ 表示算数平均。当频率大于 $10f_s$ 时,式(3.17)~式(3.19)的分母用 3 代替 8,式(3.20)的分母用 9 代替 24。

(3)对于 $10f_s$ 以下的频率,场均匀性是指在一个完整的搅拌过程中,从 8 个探头位置获得的归一化最大值取平均值后的标准差。标准差的计算公式及其对数表示如下:

$$\sigma_x = \sqrt{\dfrac{\sum (E_x - \langle E_x \rangle_8)^2}{8 - 1}} \qquad (3.21)$$

$$\sigma_y = \sqrt{\frac{\sum (E_y - \langle E_y \rangle_8)^2}{8-1}} \qquad (3.22)$$

$$\sigma_z = \sqrt{\frac{\sum (E_z - \langle E_z \rangle_8)^2}{8-1}} \qquad (3.23)$$

$$\sigma = \sqrt{\frac{\sum_{m=1}^{8} \sum_{n=1}^{3} (E_{m,n} - \langle E \rangle_{24})^2}{24-1}} \qquad (3.24)$$

将计算后的标准差分别转化为对数形式,为

$$\sigma(\mathrm{dB}) = 20\lg \frac{\sigma + \langle E_{x,y,z} \rangle}{\langle E_{x,y,z} \rangle} \qquad (3.25)$$

只有当各个场分量和总场标准差全部达到表 3.2 所示的场均匀性限值要求时,才能认为混响室内的场分布达到了均匀性的要求。典型混响室场强标准差和场均匀性要求如图 3.5 所示。

表 3.2　场均匀性限值要求

频率范围/MHz	标准差限值要求
80～100	4 dB [a]
100～400	自 100 MHz 时 4 dB 线性减少到 400 MHz [a]时 3 dB
>400	3 dB [a]

a:每 8 个频点最多可有 3 个频点超过允许的标准差,但不能超过限值要求 1 dB。

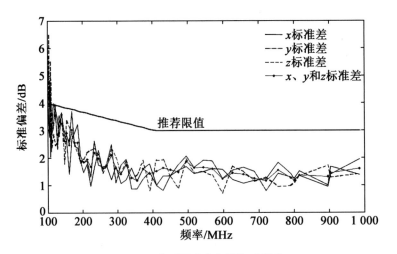

图 3.5　典型混响室场强标准偏差

若计算后的结果显示混响室未达到 IEC 61000-4-21 标准中的要求,混响室就不能在所需的最低频率工作。如果混响室的场均匀性与要求的场均匀性之间相差很小,可以通过以下方法来改善混响室的场均匀性：

　　(1)增加 10%~50%搅拌器的采样数(搅拌转动的步数)；

　　(2)对混响室的净输入功率进行归一化；

　　(3)减小工作空间的大小；

　　(4)添加吸波材料来降低品质因数 Q 值。

　　如果混响室的场均匀性优于标准中规定的限值要求,在确保其场均匀性满足标准规定的前提下,则可以适当减小采样数(搅拌转动的步数),但不能小于 12 个。这样,就可以对每个混响室获得优化的采样数,从而节省测试时间。

3.2.2　腔室最大加载校准

　　为了判断 EUT 的加入是否会使混响室过载,通常在完成空腔室校准后需要进行一次加载校验,即在模拟加载条件下完成混响室场均匀性一次性测试。腔室最大加载校准的过程如下：

　　(1)在混响室测试区域内任意位置放置一定数量的吸波材料,直到达到一个期望值,这个期望值通常指混响室天线校准系数的改变达到 12 dB。

　　(2)重复前述 8 个位置电场探头的校准过程。注意确保电场探头与接收天线间的距离大于 $1/4\lambda$。

　　(3)重复 8 个位置电场探头的场均匀性校准。将采集到的数据进行场均匀性计算,如果合成场及各轴向分量的标准偏差不满足表 3.2 的要求,则认为此时的混响室过载了,需要减少吸收体的数量,重新进行加载校验。

　　(4)最终,通过加载校验找到过载临界状态,计算获得加载因子 Loading,作为判断 EUT 在内时混响室是否过载的指标。加载因子的确定公式如下：

$$\text{Loading} = \frac{\text{AVF}_{\text{Empty chamber}}}{\text{AVF}_{\text{Load chamber}}} \tag{3.26}$$

3.2.3　EUT 在内的快速校准

　　对于经过校准符合标准要求的混响室,在每次测试工作开始前需要进行一次 EUT 在混响室内时腔室性能的快速校验,以判断腔室内的 EUT 是否导致混响室过载,从而使混响室不满足均匀性要求。EUT 在内的快速校准过程如下：

　　(1)将 EUT 及接收天线放置在工作区内,并且使接收天线距 EUT 及支撑设备 1 m 或 $\lambda/4$(取大者)。

　　(2)从测试要求的最低频率开始,调整信号源通过发射天线输入合适的输入功率,记录获得的最大接收功率、平均接收功率及平均输入功率。

　　(3)在测试计划规定的每个测试频率上重复上述过程。

　　(4)根据上述记录的数据,计算得到 EUT 在腔室内的腔室校准系数 CVF 及腔室加载系数 CLF,有

$$CLF = \frac{CVF}{AVF} \qquad (3.27)$$

式中,AVF 为空腔室校准时获得的天线校准系数;CVF 为腔室校准系数。

若 CLF 的倒数值超过了加载因子(Loading),则说明 EUT 已经使腔室过载,腔室的场均匀性可能受到了影响。此时,应在 EUT 存在的情况下重新进行场均匀性测试。若确实无法满足要求,则需要通过采取增加搅拌步数、降低腔室品质因数等方法来解决这一问题。

3.3　基于混响室的电磁兼容测试方法

3.3.1　辐射敏感度测试方法

参考 IEC 61000-4-21 标准(国内对应标准为 GB/T 17626.21)的规定,基于混响室的辐射敏感度测试配置如图 3.1 所示。在图 3.1 中,EUT 依据实际的安装要求放置,距离混响室内壁在最低可用频率应至少有 $\lambda/4$ 的距离。对于桌面设备,EUT 距混响室地面也应有 $\lambda/4$ 的距离。对于落地式设备,EUT 应由低耗的绝缘材料支撑,离地面应有 10 cm。试验设备及线缆的布局应在试验报告中给出,以帮助阐明、解释或复现独特或异常的试验结果。此外,混响室内不应有不必要的吸波材料,EUT 和所有支撑装置占总工作空间的比例不应超过 8%。发射天线应与确认时处于相同的位置,不应直接照射 EUT 或接收天线,建议将发射天线指向混响室的一个壁角。

在图 3.1 所示的测试配置下,利用混响室开展辐射敏感度测试的具体步骤如下:

(1)测试设备、EUT 通电预热并达到稳定工作状态。

(2)测试开始前,首先要进行 EUT 在内的快速校准,确保 EUT 及其支撑物不会造成混响室过载。

(3)在进行辐射敏感度测试前,应确定腔室的输入功率,计算公式如下:

$$P_{\text{Input}} = \left[\frac{E_{\text{Test}}}{\langle E \rangle_{24 \text{ or } 9} \times \sqrt{\text{CLF}(f)}} \right]^2 \qquad (3.28)$$

式中,E_{Test} 为测试要求场强;CLF 为腔室加载系数,用以修正因 EUT 造成腔室内场强降低的情况;$<E>_{24 \text{ or } 9}$ 为校准时归一化的最大电场强度的平均值,单位为 $(\text{V} \cdot \text{m}^{-1})/\sqrt{W}$。由于测试频点可能会多于校准频点,因此对非校准频点的电场强度值可通过在校准频点间进行线性插值的方法获得。

(4)确定扫频间隔,每 10 倍频至少要有 100 个离散的测试频点,测试频点按对数分布。每 10 倍频的频率间隔可以参考以下公式:

$$f_{n+1} = f_n \times 10^{\frac{1}{N-1}} \qquad (3.29)$$

式中,n 为 1~N 内的整数,$N \geqslant 100$(整数);f_n 为第 n 个测试频率,f_1 为起始频率,f_N 为终止频率。每个频点的等待时间要兼顾 EUT 及被测设备的响应时间、调制方式。除测试设备的响应时间和搅拌器转动所需的时间(至完全停止)外,每个试验频率点的停留时间应至少为 0.5 s。因此,10 倍频的最少试验时间在每个搅拌器位置应不少于 50 s。

(5)每个测试频点上搅拌器的步数可根据校准时的最低步数选择,完成旋转一周的步数间隔要求均匀。

(6)记录接收天线监测到的最大接收功率及平均接收功率、平均输入功率及反射功率等数据。

(7)监测 EUT 是否出现敏感现象,如果 EUT 敏感,确定敏感度门限电平。

(8)完成试验报告。

在试验报告中,应包括电缆的布局和 EUT 相对于电缆的位置以及试验装置的布置图或照片。此外,除包含与 EUT 相关的要求外,在每个试验频率,试验报告中还应包含以下参数:

①用于测定混响室场的接收天线的最大接收功率;

②用于测定混响室场的接收天线的平均接收功率;

③混响室发射天线的前向功率;

④混响室发射天线的反射功率;

⑤数据采集周期中,前向功率大于 3 dB 的变化;

⑥不能解决的基于混响室输入功率的场强与理论计算值相差 3 dB 以上的差异。

目前,电波混响室可用于连续波和窄带电磁脉冲(参见 RTCA DO-160)环境效应测试,还未应用于宽带电磁脉冲效应试验。分析其原因,从工作原理上看,混响室内部的电磁场需要多次反射叠加形成稳态多模工作环境,而宽带电磁脉冲多次反射叠加无法形成多模工作环境;从波形特征上看,宽带电磁脉冲多次反射叠加后,波形严重失真,不再具有原波形的参数特性,开展试验没有意义。

3.3.2　辐射发射测试方法

用混响室进行辐射发射测试,设备配置与辐射敏感度测试的试验配置基本相同。但有两种例外情况需要特别注意:

(1)混响室的品质因数 Q 值太大导致短脉冲(脉冲宽度小于 10 μs)失真;

(2)机械搅拌器的运动导致发射信号幅度的明显波动。

品质因数 Q 的值主要由调制脉冲宽度决定,混响室的时间常数 τ 应小于脉冲调制宽度的 40%。在选择驻留时间、搅拌器转速以及检波器类型时,应考虑搅拌器的效率。

在基于混响室开展辐射发射测试前,应首先进行 EUT 在混响室内的校准,确保 EUT 及其支撑物不会造成混响室过载。一旦加载检查完成,发射天线应接端与核准时用的信号源输出阻抗相同的负载。

1. 辐射发射的测试步骤

基于混响室的辐射发射测试,既可用调谐程序也可用搅拌程序进行试验,无论采用何种程序,确保 EUT 的采样数至少等于校准时校准设备的采样数。对于调谐模式,使用混响室校准中的最少采样点数。搅拌器应在每个频率点上等步长步进转动一圈。如果用搅拌模式,应确保 EUT 发射的采样数至少与校准中的采样数一样。与调谐模式一样,搅拌模式的采样点应在搅拌器转动一圈的过程中等间隔采集。

无论是调谐模式还是搅拌模式,都应确保在每个采样点监测 EUT 足够长的时间,以检测到所有的辐射(关于接收机的扫描时间参见 CISPR 16-2-3),这对搅拌模式尤为重要。搅拌模式应只适应于用峰值检波器检波的非调制信号。如果用峰值检波器,由于搅拌器的运动导致接收信号幅值的变化,试验时间通常会增加。搅拌模式不适用于平均值检波及其他加权检波方式。

对于调制辐射(即非正弦)发射,如果用均方根检波器,可测量在测量带宽内的平均辐射功率(即对整个分辨率带宽平均)。如果辐射频谱宽于测量带宽,可通过对功率谱密度在与调制相关的发射频谱上进行积分来获得总的辐射功率。

在测试中,使用各频段校准中用的接收天线来监测和记录平均接收功率 P_{AveRec} 和最大接收功率 P_{MaxRec}。需要注意的是,为了获得 P_{AveRec} 的准确测量值,接收设备的低噪应至少比 P_{MaxRec} 低 20 dB。

2. EUT 辐射功率的确定

EUT 所辐射的功率可通过平均接收功率或最大接收功率来衡量,通常基于平均接收功率测试的准确度要高于基于最大接收功率测试的准确度。

使用基于平均接收功率的测试时,EUT 实际辐射的功率可以通过下式计算得出:

$$P_{\text{Radiated}} = \frac{P_{\text{AveRec}} \times \eta_{\text{Tx}}}{\text{CVF}} \tag{3.30}$$

式中,P_{AveRec} 表示在搅拌器完成一个搅拌周期内接收天线测得的平均接收功率,单位为 W;η_{Tx} 表示发射天线的天线系数,对数周期天线取 0.75,喇叭天线取 0.9;CVF 表示 EUT 在内时腔室校准系数。

基于最大接收功率测试时,EUT 实际辐射的功率通过下式计算:

$$P_{\text{Radiated}} = \frac{P_{\text{MaxRec}} \times \eta_{\text{Tx}}}{\text{CLF} \times \text{IL}} \tag{3.31}$$

式中,P_{MaxRec} 表示在搅拌器完成一个搅拌周期内接收天线测得的最大接收功率,单位为 W;IL 表示混响室的插入损耗。

在计算得出 EUT 的辐射功率后,EUT 在远场区所产生的电场强度的大小可以通过下式进行估算:

$$E_{\text{Radiated}} = \sqrt{\frac{D \times P_{\text{Radiated}} \times \eta_0}{4\pi R^2}} \tag{3.32}$$

式中,E_{Radiated} 表示在距离 R 处 EUT 辐射的电场强度,单位为 V/m;P_{Radiated} 表示测量仪器带宽内所辐射的功率,单位为 W;R 表示观测点与 EUT 的距离,单位为 m;η_0 表示真空中的波阻抗,取值为 377 Ω;D 表示 EUT 的最大方向性系数。

对于 EUT 的方向性系数,除非产品委员会能够提供一个合适的值,通常情况下,假定

EUT 的辐射方向图与长度介于半波长到一个波长之间的偶极子的辐射方向图相同,取方向性系数 $D=1.7$。

　　辐射发射测试应给出试验报告。在试验报告中,除了应包括 EUT 的相关信息外,在每个试验频率,还应包含以下参数:

　　(1)接收天线的最大接收功率(如果有记录);

　　(2)接收天线的平均接收功率(如果有记录);

　　(3)EUT 的发射功率;

　　(4)如果需记录估计的电场,应同时记录计算电场的假定方向性系数;

　　(5)EUT 加载校准时要求的加载数据;

　　(6)电缆的布局和 EUT 相对于电缆的位置;

　　(7)试验布置图(如照片等)。

第4章 基于干扰概率统计特性的混响室测试方法

目前,国内外采用混响室测试方法的标准主要有 IEC61000-4-21、MIL-STD-461G、RTCA DO-160G、GJB151B—2013、GJB8848—2016 等。上述标准主要是通过校准、换算后得到 EUT 受干扰时混响室校准位置场强的最大值,而这个最大值未必是 EUT 的临界干扰场强值,主要基于两点考虑:一是不同位置的 E_{max} 存在不确定性且随着搅拌步数 N 的变化,对于校准位置出现的 E_{max},EUT 所在位置未必能够经历;二是即使 EUT 所在位置经历了校准位置的 E_{max},但由于出现 E_{max} 时极化方向未必是 EUT 的敏感方向,从而导致测试结果存在较大差异。电磁辐射敏感度作为 EUT 的固有属性,不应随测试场地的改变而出现较大差异。为此,本章将介绍一种基于干扰概率统计特性的混响室条件下装备电磁辐射敏感度测试方法,旨在提高测试结果的准确性。

4.1 混响室测试方法基本理论

从本质上来讲,武器装备是否受外界电磁环境干扰取决于敏感元件接收的信号电平是否超过了其固有的干扰门限值。为此,可以进行如下合理假设:对于正弦连续波测试,不论 EUT 处于何种类型测试场地,只要 EUT 敏感元件的接收功率达到了其临界干扰功率时,EUT 就会受到干扰。

基于这种假设,通过理论推导不同环境场强与 EUT 接收功率之间的对应关系,就可以将不同测试场地的试验结果关联起来,进而建立混响室与均匀场中 EUT 敏感度测试结果的相关性。

4.1.1 混响室与均匀场测试等效依据

从混响室内场分布的统计特性出发,见表 4.1,场强直角分量实部服从正态分布,场强直角分量幅值服从瑞利分布,天线接收的功率服从指数分布。

表 4.1 混响室内场分布的统计特性

物理量	概率密度函数	均值	方差	分布类型
场强直角分量实部	$f(E_{xr}) = \dfrac{1}{\sqrt{2\pi}\,\sigma}\exp\left(-\dfrac{E_{xr}^2}{2\sigma^2}\right)$	0	σ^2	正态分布

表 4.1（续）

物理量	概率密度函数	均值	方差	分布类型
场强直角分量幅值	$f(\lvert E_x \rvert) = \dfrac{\lvert E_x \rvert}{\sigma^2} \exp\left(-\dfrac{\lvert E_x \rvert^2}{2\sigma^2}\right)$	$\sigma \sqrt{\pi/2}$	$\sigma^2(2-\pi/2)$	瑞利分布
天线接收的功率	$f(W) = \dfrac{1}{2\sigma_l^2 R} \exp\left(-\dfrac{W}{2\sigma_l^2 R}\right)$	$2\sigma_l^2 R$	$4\sigma_l^4 R^2$	指数分布

两种方法等效依据:基于天线在混响室中接收功率服从指数分布的特点,以不同测试场地中 EUT 等效天线的接收功率相等作为等效依据,进行理论推导。

4.1.2　临界辐射干扰场强理论公式推导

将 EUT 的敏感元件等效为接收天线负载,令混响室与均匀场中敏感元件的临界干扰功率相等,推导了混响室条件下装备临界辐射干扰场强的计算公式。

敏感元件等效天线接收功率的概率分布函数为

$$F_W(W) = 1 - \exp\left(-\frac{W}{2\sigma_l^2 R}\right) \tag{4.1}$$

记 EUT 敏感元件的临界干扰功率为 W_s,假设 $W \geqslant W_s$ 时 EUT 受到干扰,则干扰概率为

$$P = 1 - F_W(W_s) = \exp\left(-\frac{W_s}{2\sigma_l^2 R}\right) \tag{4.2}$$

因此

$$W_s = 2\sigma_l^2 R \ln(1/P) \tag{4.3}$$

对于任意天线,在电场矢量为 $\boldsymbol{E} = E\hat{e}$ 的平面波照射下,接收功率表达式为

$$W = q\eta_a p_0(\hat{r}, \hat{e}) D(\hat{r}) \frac{\lambda^2 E^2}{4\pi \eta} \tag{4.4}$$

式中,$\hat{e}$ 表示单位矢量;p_0 为入射场与天线极化方向间的极化系数,取值范围为 $0\sim1$;D 为天线的方向性系数,等于天线在某一方向上的场强的平方与总辐射功率相同的无方向性天线在同一距离处的场强的平方的比值。

假设混响室和均匀场中 EUT 的临界干扰功率相等,得到均匀场中 EUT 敏感元件的接收功率达到 W_s 所需的场强为

$$E = \sigma \sqrt{\frac{3\ln(1/P)}{p_0(\hat{r}, \hat{e}) D(\hat{r})}} \tag{4.5}$$

$$\sigma = \sqrt{E_0^2/6} \tag{4.6}$$

临界辐射干扰场强是使 EUT 受到干扰的场强最小值,因此极化系数 p_0 取 1,方向性系数 D 取最大值 $D_{\max}$,得到混响室条件下的临界辐射干扰场强的计算公式:

$$E_s = \sigma \sqrt{\frac{3\ln(1/P)}{D_{\max}}} = E_0 \sqrt{\frac{\ln(1/P)}{2D_{\max}}} \tag{4.7}$$

可以看出:即使 EUT 在混响室中具有相同的干扰概率,若方向性系数不同,在均匀场中临界干扰场强的测试结果可能会有较大差别。其根本原因是敏感元件在混响室中的接收功率与其方向特性无关,而在均匀场中却关系很大。

P 为 EUT 在混响室中进行多次测试的干扰概率,估计值 $\hat{P} = N_s/N$。σ 为混响室场强直角分量实部幅值的均值,估计值 $\hat{\sigma} = \sqrt{\sum\limits_{n=1}^{N} E_{xn}^2/2N}$。除了需要测量干扰概率 P 以及与混响室内部电场强度有关的物理量 σ 以外,还要求 $D_{\max}$ 为已知。对于形状简单的天线,$D_{\max}$ 可以直接计算或者根据天线的增益进行估计,但是对于复杂的 EUT,$D_{\max}$ 很难计算和测量,下面重点介绍孔缝和线缆耦合通道的 $D_{\max}$ 估计方法。

4.2　最大方向性系数估计方法

4.2.1　孔缝耦合通道 $D_{\max}$ 的估计方法

对于孔缝为主要耦合通道的 EUT,由于设备机箱上开孔数目和位置的多样性,其等效天线通常指向性较差,EUT 对外界辐射场的最敏感方向不明确,我们将此类 EUT 统称为非有意辐射体。

对于非有意辐射体,根据球面波展开理论:①球面波模式系数 $Q_{smn}^{(3)}$ 的实部、虚部相互独立,且均服从正态分布;②天线远场的电场矢量在俯仰和方位两个方向的分量均值相等。由于方向性系数 D 的均值为 1,因此必然满足 $\langle D_{co} \rangle = \langle D_{cross} \rangle = 1/2$。

基于上述理论基础,对非有意辐射体的辐射特性进行推导如下,球坐标系中求解无源区域的亥姆霍兹方程:

$$\nabla^2 \boldsymbol{E} + k^2 \boldsymbol{E} = 0 \tag{4.8}$$

$$\boldsymbol{E}(r, \alpha, \beta) = k\sqrt{\eta}\, \frac{1}{\sqrt{4\pi}} \frac{\mathrm{e}^{\mathrm{i}kr}}{kr} \sum_{smn} Q_{smn}^{(3)} \boldsymbol{K}_{smn}(\alpha, \beta) \tag{4.9}$$

式中,$Q_{smn}^{(3)}$ 为球面波模式系数;$\boldsymbol{K}_{smn}$ 为远场图函数,与能量归一化球面波函数相关

$$P_{rad} = \sum_{smn} \left| Q_{smn}^{(3)} \right|^2 / 2 \tag{4.10}$$

$$D(\alpha, \beta) = \frac{\dfrac{1}{2\eta} \left| \boldsymbol{E}(r, \alpha, \beta) \right|^2 r^2}{P_{rad}/4\pi} \tag{4.11}$$

$$D(\alpha, \beta) = \frac{\left| \sum\limits_{smn} Q_{smn}^{(3)} \boldsymbol{K}_{smn}(\alpha, \beta) \right|^2}{\left| \sum\limits_{smn} Q_{smn}^{(3)} \right|^2} \tag{4.12}$$

$$D = D_{co} + D_{cross}$$

$$\langle D_{co} \rangle = \langle D_{cross} \rangle = 1/2 \tag{4.13}$$

$$D_{co}(\alpha,\beta) = \frac{\left| \sum\limits_{smn} Q_{smn}^{(3)} \boldsymbol{K}_{smn}(\alpha,\beta) \cdot \hat{\alpha} \right|^2}{\left| \sum\limits_{smn} Q_{smn}^{(3)} \right|^2} \ , \ D_{cross}(\alpha,\beta) = \frac{\left| \sum\limits_{smn} Q_{smn}^{(3)} \boldsymbol{K}_{smn}(\alpha,\beta) \cdot \hat{\beta} \right|^2}{\left| \sum\limits_{smn} Q_{smn}^{(3)} \right|^2}$$

$$(4.14)$$

当总的球面波模式数 N_m 较大时,根据中心极限定理,$\sum\limits_{smn} Q_{smn}^{(3)} \boldsymbol{K}_{smn}(\alpha,\beta) \cdot \hat{\alpha}$ 均服从正态分布,因此 D_{co}、D_{cross} 均服从均值为 1/2 的指数分布。

以 D_{co} 为例,其概率密度函数为:$f_{D_{co}}(d_{co}) = 2e^{-2d_{co}}, d_{co}>0$。方向性系数 D 的概率分布函数为:$F_D(d) = 1-(1+2d)e^{-2d}, d>0$。方向性系数 D 的概率密度函数为:$f_D(d) = 4de^{-2d}, d>0$。采用求方向性系数 D 最大值的期望作为 D_{max} 的近似,D_{max} 的概率密度函数为

$$f_{D_{max}}(d) = N_I \left[F_D(d) \right]^{N_I-1} f_D(d) \qquad (4.15)$$

$$\hat{D}_{max} = \mathrm{E}(D_{max}) = \int_0^{+\infty} x N_I \left[F_D(x) \right]^{N_I-1} f_D(x) \,\mathrm{d}x \qquad (4.16)$$

$$N_I = 4\lfloor ka \rfloor (\lfloor ka \rfloor + 2) \qquad (4.17)$$

式中,N_I 为天线相互独立的辐射方向个数;k 为波数;a 为包含 EUT 的最小球体的半径。因此,D_{max} 可以根据 EUT 的电尺寸进行估计。由于式(4.16)积分中的被积函数无原函数,需要通过计算机对 D_{max} 的值进行近似数值计算。为了方便工程应用,采用非线性最小二乘法对 D_{max} 进行拟合:

$$\hat{D}_{max} \approx 6.645 - 3.005e^{-0.038ka} - 1.865e^{-0.359ka} \qquad (4.18)$$

图 4.1 分别给出孔缝耦合通道最大方向性系数拟合值与准确值变化曲线,拟合值与其准确值在 $0<ka<50$ 范围内误差较小,保证了式(4.18)在较大频率范围内都是适用的。

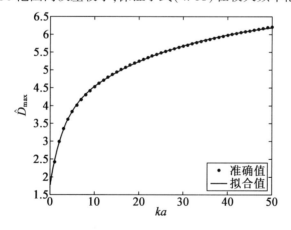

图 4.1　孔缝耦合通道 D_{max} 的估计值

4.2.2　线缆耦合通道 D_{max} 的估计方法

在对线缆的 D_{max} 进行计算时,有两种不同的思路:第一种为从线缆接收电磁能量的角度出发,通过计算不同辐照角度下线缆终端负载的接收功率,根据最大接收功率与平

均接收功率的比值,计算得到 D_{max};第二种是从线缆辐射电磁能量的角度出发,在线缆上电流分布已知的情况下,计算电流的辐射场,进而计算 D_{max}。

对线缆差模干扰时的 D_{max} 通常采用第一种计算方法,对线缆共模干扰时的 D_{max} 通常采用第二种计算方法。

1. 差模干扰的 D_{max}

典型差模干扰等效电路模型如图 4.2 所示,采用 BLT 方程可分别计算线缆两端负载的接收功率 W_0 和 W_L,根据方向性系数定义,进而计算得到两终端负载处的等效方向性系数 D_0 和 D_L。

$$
\left.\begin{array}{c}
\begin{bmatrix} I(0) \\ I(L) \end{bmatrix} = \dfrac{1}{Z_c} \begin{bmatrix} 1-\rho_1 & 0 \\ 0 & 1-\rho_2 \end{bmatrix} \begin{bmatrix} -\rho_1 & e^{\gamma L} \\ e^{\gamma L} & -\rho_2 \end{bmatrix}^{-1} \begin{bmatrix} S_1 \\ S_2 \end{bmatrix} \\[18pt]
\begin{bmatrix} V(0) \\ V(L) \end{bmatrix} = \begin{bmatrix} 1+\rho_1 & 0 \\ 0 & 1+\rho_2 \end{bmatrix} \begin{bmatrix} -\rho_1 & e^{\gamma L} \\ e^{\gamma L} & -\rho_2 \end{bmatrix}^{-1} \begin{bmatrix} S_1 \\ S_2 \end{bmatrix}
\end{array}\right\} \quad (4.19)
$$

$$
\begin{bmatrix} S_1 \\ S_2 \end{bmatrix} = \begin{bmatrix} \dfrac{1}{2}\displaystyle\int_0^L e^{\gamma x} V_s(x)\,\mathrm{d}x - \dfrac{V_1}{2} + \dfrac{V_2}{2}e^{\gamma L} \\[14pt] -\dfrac{1}{2}\displaystyle\int_0^L e^{\gamma(L-x)} V_s(x)\,\mathrm{d}x + \dfrac{V_1}{2}e^{\gamma L} - \dfrac{V_2}{2} \end{bmatrix} \quad (4.20)
$$

$$
\left.\begin{array}{l}
V_s = E_x^{\mathrm{inc}}(x,0,d) - E_x^{\mathrm{inc}}(x,0,0) = E_0 e_x e^{-\mathrm{j}k_x x}(e^{-\mathrm{j}k_z z}-1) \\[8pt]
V_1 = -\displaystyle\int_0^d E_z^{\mathrm{inc}}(0,0,z)\,\mathrm{d}z = -\int_0^d E_0 e_z e^{-\mathrm{j}k_z z}\,\mathrm{d}z \approx -E_0 e_z d \\[8pt]
V_2 = -\displaystyle\int_0^d E_z^{\mathrm{inc}}(L,0,z)\,\mathrm{d}z = -\int_0^d E_0 e_z e^{-\mathrm{j}k_x L} e^{-\mathrm{j}k_z z}\,\mathrm{d}z \approx -E_0 e_z d e^{-\mathrm{j}k_x L}
\end{array}\right\} \quad (4.21)
$$

$$
\begin{bmatrix} W_0 \\ W_L \end{bmatrix} = \frac{1}{2} Re \begin{bmatrix} I(0)V^{(0)*} \\ I(L)V^{(L)*} \end{bmatrix}
$$

$$
= \frac{1}{2} Re \begin{bmatrix} \dfrac{(1-\rho_1)(1+\rho_1^*)}{Z_c(\rho_1\rho_2-e^{2\gamma L})(\rho_1\rho_2-e^{2\gamma L})^*}(\rho_2 S_1 + e^{\gamma L}S_2)(\rho_2^\rho S_1 + e^{\gamma L}S_2)^* \\[18pt] \dfrac{(1-\rho_2)(1+\rho_2^*)}{Z_c(\rho_1\rho_2-e^{2\gamma L})(\rho_1\rho_2-e^{2\gamma L})^*}(\rho_1 S_2 + e^{\gamma L}S_1)(\rho_1^\rho S_2 + e^{\gamma L}S_1)^* \end{bmatrix} \quad (4.22)
$$

$$
\left.\begin{array}{l}
D_0(\psi,\varphi) = \dfrac{4\pi W_0(\psi,\varphi)}{\displaystyle\int_0^{2\pi}\int_0^{\pi} W_0(\psi,\varphi)\sin\psi\,\mathrm{d}\psi\,\mathrm{d}\varphi} \\[22pt]
D_L(\psi,\varphi) = \dfrac{4\pi W_L(\psi,\varphi)}{\displaystyle\int_0^{2\pi}\int_0^{\pi} W_L(\psi,\varphi)\sin\psi\,\mathrm{d}\psi\,\mathrm{d}\varphi}
\end{array}\right\} \quad (4.23)
$$

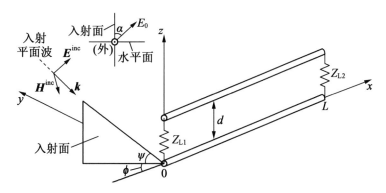

图 4.2　典型差模干扰等效电路模型

由式(4.23)可以看出,将式(4.22)带入式(4.23),式(4.23)中 $D_0(\psi,\varphi)$ 有关 ρ_1 的项会消去,$D_L(\psi,\varphi)$ 有关 ρ_2 的项会消去。因此,对于双导体传输线的差模耦合,某一端负载的等效方向性系数除了是辐射方向(ψ,φ)的函数以外,只与另外一端负载的反射系数有关。通过计算线缆不同方向辐照的方向系数,可以计算得到其最大方向性系数。

图 4.3 给出了线缆某一端的 D_{max} 随线缆电尺寸 L/λ 和另外一端反射系数 ρ 的变化情况,由于 D_{max} 的值只与另外一端反射系数 ρ 有关,因此图 4.3 也就包含了 D_{max} 所有可能的取值范围。图 4.4 给出了对于不同负载,D_{max} 取值最大值和最小值之间变化范围,二者最大差异在 4 dB 左右。在实际测试时,可以取最大值与最小值的对数中值,即可将 D_{max} 的估计误差控制在 2 dB 以内。为方便工程应用,这里给出了 $\hat{D}_{max}$ 对数中值的拟合计算公式,可以方便地应用于工程实际测试。

$$\hat{D}_{max}=\begin{cases} 2.61+0.95\sin(4\pi L/\lambda+1.5) & L/\lambda>0.2 \\ 1.88 & L/\lambda\le0.2 \end{cases} \tag{4.24}$$

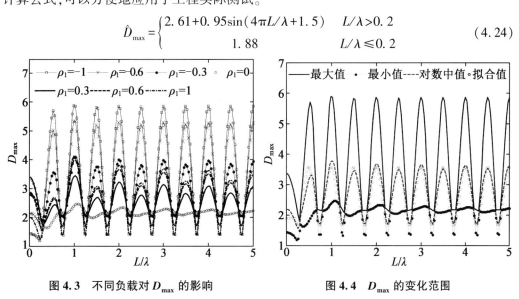

图 4.3　不同负载对 D_{max} 的影响　　　　　　**图 4.4　D_{max} 的变化范围**

2. 共模干扰的 D_{max}

共模干扰的 D_{max} 计算模型如图 4.5 所示,通过推导线缆上共模电流满足的方程,计算其辐射场,进而对线缆共模干扰 D_{max} 进行计算。假设导线感应电流分别为 I_1、I_2,在两

根导线表面,电流产生的矢势 $\boldsymbol{A}$ 分别为

$$\left.\begin{array}{l} A_{z1}(z) = \dfrac{\mu_0}{4\pi}\displaystyle\int_{-L/2}^{L/2}\big[\,g_1(z-z')I_1(z')\ +g_2(z-z')I_2(z')\,\big]\mathrm{d}z'\\[4mm] A_{z2}(z) = \dfrac{\mu_0}{4\pi}\displaystyle\int_{-L/2}^{L/2}\big[\,g_2(z-z')I_1(z')\ +g_1(z-z')I_2(z')\,\big]\mathrm{d}z' \end{array}\right\} \tag{4.25}$$

$$\left.\begin{array}{l} g_2(z) = \dfrac{\mathrm{e}^{\mathrm{j}k\sqrt{d^2+z^2}}}{\sqrt{d^2+z^2}}\\[4mm] g_1(z) = \dfrac{\mathrm{e}^{\mathrm{j}k\sqrt{a^2+z^2}}}{\sqrt{a^2+z^2}} \end{array}\right\} \tag{4.26}$$

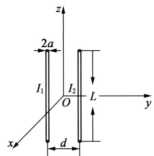

图 4.5 共模干扰的 $D_{\max}$ 计算模型

令

$$T_z(z) = \int_{-L/2}^{L/2}I_C\big[\,g_1(z-z')\ +g_2(z-z')\,\big]\mathrm{d}z' \tag{4.27}$$

则有

$$A_{z1}(z)+A_{z2}(z) = \mu_0 T_z(z)/2\pi \tag{4.28}$$

根据洛伦兹规范:

$$\left.\begin{array}{l} \dfrac{\mathrm{d}A_z(z)}{\mathrm{d}z}-\mathrm{j}\omega\mu_0\varepsilon_0\varphi=0\\[4mm] E_z=-\partial\varphi/\partial z+\mathrm{j}\omega A_z \end{array}\right\} \tag{4.29}$$

导线表面电场切向分量:

$$E_z(z) = 0$$

共模电流满足的方程:

$$\frac{\mathrm{d}^2 T(z)}{\mathrm{d}z^2}+k^2 T(z)=0$$

这里面 $T(z)$ 是 I_C 的函数,进而得到方程的通解,也就是共模电流的解,如式(4.30)所示,其中 C_1、C_2 由导线终端边界条件(阻抗)决定。

该方程的通解表示:

$$T(z) = C_1\mathrm{e}^{\mathrm{j}kz}+C_2\mathrm{e}^{-\mathrm{j}kz} \tag{4.30}$$

　　为了计算导线的 D_{max}，需要对式(4.27)、式(4.30)求解，根据导线终端边界条件确定 C_1、C_2，进而得到共模电流 I_C。但由于实际设备的复杂性和终端边界条件的多样性，仅仅计算个别确定边界条件下的 D_{max} 是不够的。另外，进行临界干扰场强测试前获得线缆终端边界条件存在困难，而且会大大降低测试效率。为此，这里将 I_C 表示为特征电流的线性组合，在线缆边界条件不确定的情况下，通过特征电流的辐射场对 D_{max} 的范围进行估计。

　　由于式(4.27)、式(4.30)是线性的，可以令

$$\left.\begin{array}{c} \int_{-L/2}^{L/2} \left[g_1(z-z') + g_2(z-z') \right] I_{C1}(z')\mathrm{d}z' = \mathrm{e}^{\mathrm{j}kz} \\[3mm] \int_{-L/2}^{L/2} \left[g_1(z-z') + g_2(z-z') \right] I_{C2}(z')\mathrm{d}z' = \mathrm{e}^{-\mathrm{j}kz} \end{array}\right\} \quad (4.31)$$

得到

$$I_C(z) = C_1 I_{C1}(z) + C_2 I_{C2}(z) \quad (4.32)$$

　　通过这种方法，将求解式(4.27)、式(4.30)转化为求解式(4.31)，将共模电流 I_C 表示为 $I_{C1}(z)$、$I_{C2}(z)$ 的线性组合。$I_{C1}(z)$、$I_{C2}(z)$ 即为共模电流 I_C 的特征电流。

　　式(4.31)属于第一类 Fredholm 积分方程，除了个别情况下能找到解析解以外，该方程的解是不适定的，即在进行数值计算时，方程右侧数据的微小扰动就会给计算结果带来较大的误差。但由于计算机本身就有舍入误差，所以数据的误差不可避免。因此，正则化的方法被用来计算其稳定解。Landweber 迭代法是一种常见的正则化方法，当积分方程右端有较大扰动时仍然可以得到稳定的计算结果。

　　采用 Landweber 迭代法对式(4.31)进行求解，图 4.6 给出了参数为 $a=1$ mm，$d=5$ mm，$L=1$ m 的平行双导线在频率 $f=1.5$ GHz 时的特征电流的实部、虚部的大小。可以看到，两个特征电流 I_{C1}、I_{C2} 关于 $z=0$ 对称。

　　特征电流辐射场：在计算 I_{C1} 和 I_{C2} 的础上，将 N 个电偶极子的辐射场叠加，即可求得特征电流 I_{C1} 和 I_{C2} 的辐射场。

$$\left.\begin{array}{l} E_x(\omega) = \dfrac{lxzI_0\mathrm{e}^{-\mathrm{j}\omega r/c}}{4\pi\varepsilon_0 r^2}\left[\dfrac{3}{cr^2}+\dfrac{3}{\mathrm{j}\omega r^3}+\dfrac{\mathrm{j}\omega}{c^2 r}\right] \\[4mm] E_y(\omega) = \dfrac{lyzI_0\mathrm{e}^{-\mathrm{j}\omega r/c}}{4\pi\varepsilon_0 r^2}\left[\dfrac{3}{cr^2}+\dfrac{3}{\mathrm{j}\omega r^3}+\dfrac{\mathrm{j}\omega}{c^2 r}\right] \\[4mm] E_z(\omega) = \dfrac{lz^2 I_0\mathrm{e}^{-\mathrm{j}\omega r/c}}{4\pi\varepsilon_0 r^2}\left[\dfrac{3}{cr^2}+\dfrac{3}{\mathrm{j}\omega r^3}+\dfrac{\mathrm{j}\omega}{c^2 r}\right]-\dfrac{lI_0\mathrm{e}^{-\mathrm{j}\omega r/c}}{4\pi\varepsilon_0}\left[\dfrac{1}{cr^2}+\dfrac{1}{\mathrm{j}\omega r^3}+\dfrac{\mathrm{j}\omega}{c^2 r}\right] \end{array}\right\} \quad (4.33)$$

　　记导线 1 上共模特征电流 $I_{C1}(z)$、$I_{C2}(z)$ 产生的辐射场为 $\boldsymbol{E}_{11}(r,\theta,\varphi)$、$\boldsymbol{E}_{12}(r,\theta,\varphi)$，导线 2 上共模特征电流 $I_{C1}(z)$、$I_{C2}(z)$ 产生的辐射场为 $\boldsymbol{E}_{21}(r,\theta,\varphi)$、$\boldsymbol{E}_{22}(r,\theta,\varphi)$，$\rho=C_2/C_1$，$(r,\theta,\varphi)$ 为球坐标系中的坐标，则导线的最大方向性系数可以表示为

$$D_{max} = \dfrac{4\pi\left|C_1(E_{11}+E_{21})+C_2(E_{12}+E_{22})\right|_{max}^2}{\displaystyle\int_0^{2\pi}\int_0^{\pi}\left|C_1(E_{11}+E_{21})+C_2(E_{12}+E_{22})\right|^2\sin\theta\mathrm{d}\theta\mathrm{d}\varphi}$$

$$= \frac{4\pi \left| E_{11} + E_{21} + \rho \left(E_{12} + E_{22} \right) \right|^2_{\max}}{\int_0^{2\pi} \int_0^{\pi} \left| E_{11} + E_{21} + \rho \left(E_{12} + E_{22} \right) \right|^2 \sin\theta \mathrm{d}\theta \mathrm{d}\varphi} \qquad (4.34)$$

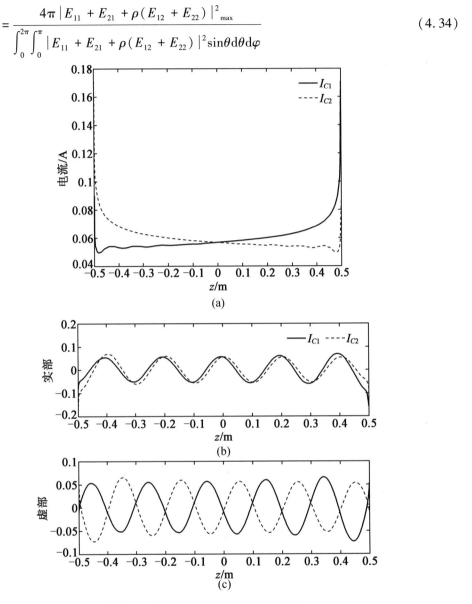

图 4.6　共模辐射特征电流（1.5 GHz）

　　由于 $I_{C1}(z)$、$I_{C2}(z)$ 关于 $z=0$ 对称，因而 $\boldsymbol{E}_{11}$ 与 $\boldsymbol{E}_{12}$、$\boldsymbol{E}_{21}$ 与 $\boldsymbol{E}_{22}$ 同样具有对称性，只需要取 $0 \leqslant |\rho| \leqslant 1$，即可将线缆终端边界条件的所有可能情况包含在内。在计算特征电流 I_{C1}、I_{C2} 的辐射场的基础上，结合式（4.34），采用数值积分的方式，可求得双导体传输线共模辐射时的 $D_{\max}$ 的范围。计算结果如图4.7所示，给出了不同长度导线的 $D_{\max}$ 的范围随 L/λ 的变化情况。

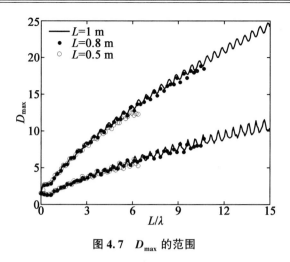

图 4.7　$D_{\max}$ 的范围

从图 4.7 中可以看出,共模辐射时导线的 $D_{\max}$ 只与导线的电尺寸有关,长度变化而电尺寸不变时 $D_{\max}$ 不发生变化;导线电尺寸较大时,共模辐射时的 $D_{\max}$ 显著大于差模辐射。由于各个电尺寸 $D_{\max}$ 的最大值与最小值之间的差异在 3 dB 左右,对于工程应用而言,取二者对数中值就能将所有可能的边界条件包含在内,且不会造成显著的误差。为方便工程应用,对 $D_{\max}$ 的对数中值进行了多项式拟合,并在图 4.8 中将拟合值与实际值进行了比较,可见拟合值误差较小。拟合的多项式如下:

$$D_{\max} = -0.026(L/\lambda)^2 + 1.357(L/\lambda) + 1.52 \tag{4.35}$$

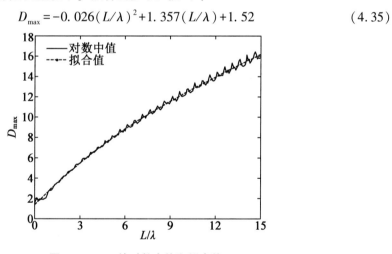

图 4.8　$D_{\max}$ 的对数中值和拟合值

通过比较差模干扰和共模干扰时线缆 $D_{\max}$ 的值可以看到,当 L/λ 较小时,无论是差模干扰还是共模干扰,线缆的 $D_{\max}$ 与电偶极子的 $D_{\max}$(约为 1.64)基本一致。因此,电小尺寸线缆的 $D_{\max}$ 与电偶极子相当。

4.2.3　等效天线方向性系数选取原则

(1)EUT 敏感部位、耦合通道十分明确(如射频前端阻塞、损伤等)。

直接根据不同耦合通道的估算方法,选取相应的 $D_{\max}$。

(2)强场电磁辐射效应(如死机、重启、功能紊乱、硬损伤等)。

干扰原因一般为地电位波动,主要耦合通道是接地线或输入、输出共地线缆,等效天线方向性系数可采用线缆共模耦合计算公式来进行估算:

$$\hat{D}_{\max} = \begin{cases} 1.52+1.36(L/\lambda)-0.026(L/\lambda)^2 & L<3.5\lambda \\ 6.0 & L\geqslant3.5\lambda \end{cases} \tag{4.36}$$

(3)测控设备的扰动效应(如无人机舵机误动作等)。

属于差模干扰范畴,源于干扰信号与有用信号的叠加,低频段以线缆耦合为主,高频段以孔缝耦合为主,等效天线方向性系数可用统一公式来估算:

$$\hat{D}_{\max} \approx 6.65-3.00e^{-0.24a/\lambda}-1.87e^{-2.26a/\lambda} \tag{4.37}$$

注:当线缆长度 $L<3.5\lambda$ 时,$a=L$;否则 a 为包围 EUT 的最小球体半径。

4.3　测试结果准确性误差分析

从式(4.7)可以看到,计算 EUT 的临界辐射干扰场强 E_s 时,需要 σ、干扰概率 P 和最大方向性系数 $D_{\max}$ 3 个参量,E_s 的误差来源于这 3 个参量对应的估计值 $\hat{\sigma}$、$\hat{P}$、$\hat{D}_{\max}$ 的误差,因此需对各个估计量的准确性进行误差分析。

4.3.1　对 σ 的误差分析

在统计学中,常用的估计未知参数的方法包括最大似然估计法和矩估计法。实际进行临界辐射干扰场强测试时,场强计的测试结果给出了场强直角分量 $|E_x|$、$|E_y|$、$|E_z|$ 和总场强 $|E|$ 4 个值,由场强直角分量或者总场强通过矩估计法或者最大似然估计法均可以得到 $\hat{\sigma}$。因此,研究影响 $\hat{\sigma}$ 的准确性的因素,需首先对各种方法的优劣进行比较。为进行区分,这里将通过场强直角分量 $|E_x|$ 由矩估计法和最大似然估计法得到的 $\hat{\sigma}$ 分别记为 $\hat{\sigma}_1$、$\hat{\sigma}_2$,总场强 $|E|$ 在这两种方法下得到的 $\hat{\sigma}$ 分别记为 $\hat{\sigma}_3$、$\hat{\sigma}_4$。

由表 4.1 可知,$|E_x|$ 的均值为 $\sigma\sqrt{\pi/2}$,若采用矩估计法,则有 $\hat{\sigma}_1\sqrt{\pi/2}=\langle|E_x|\rangle$,因此

$$\sigma_1 = \sqrt{2/\pi}\langle|E_x|\rangle \tag{4.38}$$

对于每一个搅拌位置,都可以得到场强的三个直角分量 $|E_x|$、$|E_y|$、$|E_z|$。由于场强的各个直角分量相互独立且服从同一分布,将所得数据充分利用,用三个直角分量的均值 $\langle|E_{x,y,z}|\rangle$ 代替单一直角分量的均值 $\langle|E_x|\rangle$,可以将上式写为

$$\hat{\sigma}_1 = \sqrt{2/\pi}\langle|E_{x,y,z}|\rangle \tag{4.39}$$

采用最大似然估计法得到

$$\hat{\sigma}_2 = \sqrt{\sum_{n=1}^{N}(E_{xn}^2+E_{yn}^2+E_{zn}^2)/6N} \tag{4.40}$$

与采用场强直角分量计算 $\hat{\sigma}$ 的方法类似,可以通过总场强 $|E|$ 对 $\hat{\sigma}$ 进行计算。其

中,采用矩估计法得到

$$\hat{\sigma}_3 = 16\langle|\boldsymbol{E}|\rangle/15\sqrt{2\pi} \tag{4.41}$$

采用最大似然估计法得到

$$\hat{\sigma}_4 = \sqrt{\sum_{n=1}^{N}|\boldsymbol{E}_n|^2/6N} \tag{4.42}$$

式中,$|\boldsymbol{E}_n|$表示第 n 个搅拌位置场强计测得的场强,由于 $|\boldsymbol{E}_n|^2 = E_{xn}^2 + E_{yn}^2 + E_{zn}^2$,$\hat{\sigma}_2$ 和 $\hat{\sigma}_4$ 其实是等价的,接下来只对 $\hat{\sigma}_2$ 进行讨论。

$\hat{\sigma}$ 有不同的计算方法,这就需要对不同的计算方法进行评选。常用的评选标准包括估计量的无偏性和有效性,其实质是计算各个估计量的均值和方差。若 $\hat{\sigma}$ 的均值等于其真实值 σ,则称 $\hat{\sigma}$ 是 σ 的无偏估计量;若 $\hat{\sigma}$ 在不同的计算方法中,同等样本数目的情况下某一方法所得的 $\hat{\sigma}$ 的方差更小,则表明该方法的收敛速度更快,相对于其他方法也就更加有效。这里用 $E(\ )$ 和 $D(\ )$ 分别表示括号内估计量的均值和方差。

根据表 4.1,容易得到

$$E(\hat{\sigma}_1) = E(\hat{\sigma}_2) = E(\hat{\sigma}_3) = \sigma \tag{4.43}$$

因此 $\hat{\sigma}_1$、$\hat{\sigma}_2$、$\hat{\sigma}_3$ 均为参数 σ 的无偏估计量。

同样地,可以得到

$$\begin{aligned}
D(\hat{\sigma}_1) &= D(\sqrt{2/\pi}\langle|E_x|\rangle) \\
&= \frac{2}{\pi}D(\langle|E_x|\rangle) \\
&= \frac{2}{\pi N^2}D(\sum_{n=1}^{N}|E_{xn}|) \\
&= \frac{2}{\pi N^2}\sum_{n=1}^{N}D(|E_{xn}|) \\
&= \frac{\sigma^2(4-\pi)}{N\pi}
\end{aligned} \tag{4.44}$$

$$D(\hat{\sigma}_2) = E(\hat{\sigma}_2^2) - E^2(\hat{\sigma}_2) = \sum_{n=1}^{N}E(|\boldsymbol{E}_n|^2)/6N - \sigma^2 = N \cdot 6\sigma^2/6N - \sigma^2 = 0 \tag{4.45}$$

$$\begin{aligned}
D(\hat{\sigma}_3) &= D(16\langle|\boldsymbol{E}|\rangle/15\sqrt{2\pi}) \\
&= (128/225\pi) \cdot (\sum_{n=1}^{N}D(|\boldsymbol{E}_n|)/N^2) \\
&= (128/225\pi) \cdot (6 - 225\pi/128) \cdot \sigma^2/N = (256/75\pi - 1) \cdot \sigma^2/N
\end{aligned} \tag{4.46}$$

可以看出,从有效性的角度来讲,$\hat{\sigma}_2$ 或者 $\hat{\sigma}_4$ 是参数 σ 更优的估计量。对于实际测试来说,只对总场强 $|\boldsymbol{E}|$ 的数据进行记录显然更加方便。因此,在实际测试中,选用 $\hat{\sigma}_4$ 对 σ 进行估计更有优势,这也是采用式(4.7)计算临界干扰场强的优势。

从 $\hat{\sigma}$ 计算方法的研究可以发现,影响 $\hat{\sigma}$ 的准确性的因素可能包括搅拌步数 N 和 σ。

为定量研究 N 和 σ 变化时对 $\hat{\sigma}$ 的准确性的影响,定义相对误差:

$$\zeta_\sigma = (\hat{\sigma} - \sigma)/\sigma \tag{4.47}$$

由于 $|E_x|$、$|E_y|$、$|E_z|$ 和 $|\boldsymbol{E}|$ 的统计规律已知,理论上可以推导出 ζ_σ 的概率密度函数。若要研究 $\hat{\sigma}$ 的不同计算方法对 ζ_σ 的影响,只需计算 ζ_σ 在一定置信水平下置信区间(Confidence Interval,CI)的上、下限即可。显然,直接计算是复杂的,这里采取蒙特卡罗模拟的方法,以场强直角分量服从瑞利分布为前提,给出了 ζ_σ 在 95% 置信水平下置信区间上、下限。具体步骤为:

(1)给定混响室搅拌次数 N 和参数 σ;

(2)产生 N 个服从参数为 σ 的瑞利分布的随机数作为 $|E_x|$,用同样的方法得到 $|E_y|$ 和 $|E_z|$,由 $|E_x|$、$|E_y|$、$|E_z|$ 计算得到 $|\boldsymbol{E}|$;

(3)根据式(4.39)~式(4.41)计算 $\hat{\sigma}_1$、$\hat{\sigma}_2$、$\hat{\sigma}_3$,由(4.47)计算相对误差;

(4)将步骤(2)和(3)循环进行 2 000 次,则对于 $\hat{\sigma}$ 的每一种估计量,均可以得到 2 000 个不同的 ζ_σ 的值,对 ζ_σ 进行统计分析,可以得到 95% 置信水平下 ζ_σ 的置信区间上、下限;

(5)改变混响室搅拌次数 N 和参数 σ,得到 N 和 σ 变化时 ζ_σ 的置信区间的上、下限。

在采用上述方法进行编程计算时,步骤(4)中的循环次数为 500 次时 ζ_σ 的置信区间的上、下限已经基本稳定。为得到较为准确的结果,这里的循环次数为 2 000 次。最终的计算结果如图 4.9(a)所示,图中给出了 σ 取 10、50、100 时相对误差 ζ_σ 的上、下限随搅拌次数 N 的变化情况。

可以看出,不同 $\hat{\sigma}$ 的计算方法产生的相对误差几乎没有差别,相对误差 ζ_σ 的大小只与搅拌次数 N 有关,与 σ 的值无关。结合之前对各种方法进行的分析讨论,在本书接下来的研究中涉及的 $\hat{\sigma}$ 的计算,都是采用 $\hat{\sigma}_4$ 进行的。另外,当 N 大于 8 时,ζ_σ 小于 20%;当 N 大于 30 时,ζ_σ 小于 10%。

图 4.9(b)给出了 200 MHz 时混响室中的试验结果,$\hat{\sigma}$ 在搅拌次数达到 30 次时基本不再变化,与计算结果一致。因此,对于理想的混响室环境,$\hat{\sigma}$ 误差减小的速度很快,搅拌次数在 30 次左右时即可对 σ 的值进行准确估计。

4.3.2 对干扰概率 P 的误差分析

干扰概率 P 由 EUT 受到干扰的次数 N_s 和混响室的搅拌次数 N 进行估计。对于每一次搅拌,EUT 只有两种测试结果,即受到干扰或者不受干扰。若将 EUT 的测试结果视为随机事件 H,将 EUT 受到干扰时记为 $H=1$,未受到干扰记为 $H=0$,则 H 属于典型的 0-1 分布。容易证明,对于 0-1 分布,干扰概率 P 通过矩估计法和最大似然估计法得到的估计量是一致的,均为 $\hat{P} = N_s/N$。

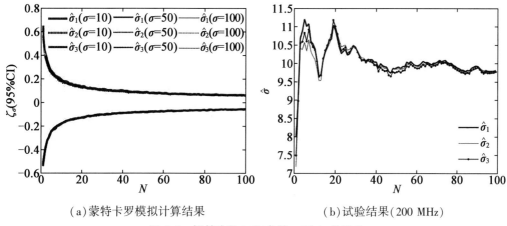

（a）蒙特卡罗模拟计算结果　　　　　　（b）试验结果（200 MHz）

图 4.9　搅拌次数 N 和参数 σ 对 ζ_σ 的影响

若将 N 次搅拌中 H 的样本值记为 $H_1, H_2, \cdots, H_N$，当 N 较大时，由中心极限定理可知：

$$\frac{\sum_{n=1}^{N} H_n - NP}{\sqrt{NP(1-P)}} = \frac{N\hat{P} - NP}{\sqrt{NP(1-P)}} \tag{4.48}$$

服从标准正态分布。假设 $z_{\gamma/2}$ 为标准正态分布上 $\gamma/2$ 的分位点，要计算 P 的置信水平为 $1-\gamma$ 的置信区间，只需求解不等式：

$$-z_{\gamma/2} < \frac{N\hat{P} - NP}{\sqrt{NP(1-P)}} < z_{\gamma/2} \tag{4.49}$$

得到 P 的置信水平为 $1-\gamma$ 的置信区间的上、下限分别为

$$\left.\begin{aligned} P_{\min} &= (-b - \sqrt{b^2 - 4ac})/2a \\ P_{\max} &= (-b + \sqrt{b^2 - 4ac})/2a \end{aligned}\right\} \tag{4.50}$$

式中，$a = N + z_{\gamma/2}^2$；$b = -2N\hat{P} - z_{\gamma/2}^2$；$c = N\hat{P}^2$。

通过式（4.50），可以分析 P 的估计量 $\hat{P}$ 和搅拌次数 N 的大小对 $\hat{P}$ 的准确性的影响，结果如图 4.10 和图 4.11 所示。其中，图 4.10 给出了 $\gamma = 0.05$ 时 P 的置信区间上、下限随 $\hat{P}$ 和 N 的变化情况。为对 $\hat{P}$ 和 P 之间的相对误差进行分析，按照式（4.47）相同的方式定义了干扰概率 P 的相对误差 ζ_P，ζ_P 的置信区间随 $\hat{P}$ 和 N 的变化情况如图 4.11 所示。

可以看出，当搅拌次数 N 大于 30 次时，P 的置信区间不再有显著的变化；相对误差 ζ_P 与搅拌次数 N 和干扰概率估计值 $\hat{P}$ 的大小有关，当 N 和 $\hat{P}$ 增大时，所得到的 $\hat{P}$ 相对于其真实值而言更为准确。

进一步地，可以分析 $\hat{P}$ 和 N 变化时对临界辐射干扰场强 E_s 的影响。与 ζ_P 类似，定义 E_s 的测试值与其真值之间的相对误差 ζ_{Es}。在只考虑 $\hat{P}$ 引起的误差时，由式（4.7）可得

$$\zeta_{Es} = \sqrt{\ln(\hat{P})/\ln(P)} - 1 \tag{4.51}$$

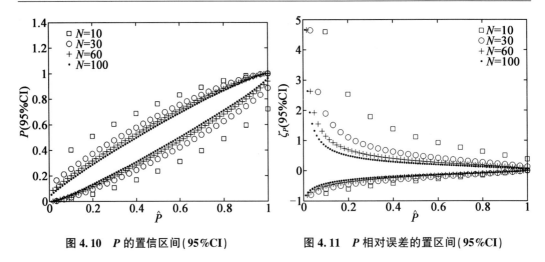

图4.10　P 的置信区间(95%CI)　　　　图4.11　P 相对误差的置区间(95%CI)

与上图中类似,可以得到 ζ_{Es} 的95%的置信区间随 $\hat{P}$ 和 N 的变化情况,如图4.12所示。当 $\hat{P}$ 增大时,E_s 的相对误差的置信区间随之增大,说明 E_s 对于较大的 $\hat{P}$ 的误差更加敏感;因此,实际测试时 $\hat{P}$ 不可过大,否则可能会引起 E_s 的较大误差;当 $\hat{P}$ 较小时,$\hat{P}$ 与其真实值之间的相对误差可能较大,但是 E_s 的相对误差较小。

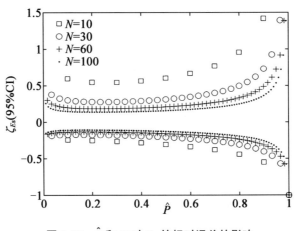

图4.12　$\hat{P}$ 和 N 对 E_s 的相对误差的影响

与图4.9对比可以发现,相对于参数 $\hat{\sigma}$,当搅拌次数增加时,$\hat{P}$ 的相对误差减小速度较慢。$\hat{P}<0.6$ 且搅拌次数 N 达到30次时对 E_s 造成的误差仍然在30%左右。综合对参数 $\hat{\sigma}$,$\hat{P}$ 的分析,要想获得较为准确的临界辐射干扰场强,实际测试时应保证 $\hat{P}$ 小于0.6,搅拌次数应不低于30次。

4.3.3　对 D_{max} 的误差分析

由于非有意辐射体的最大方向性系数 D_{max} 可以用确定的概率密度函数来描述,这里采用蒙特卡罗模拟的方法,计算了 D_{max} 置信水平为95%时的置信区间随 ka 的变化情况:

(1)给定 ka 的值,计算独立的辐射方向个数 N_I;

(2)产生 N_I 个服从均值为 1/2 的指数分布的随机数作为 D_{co},采用同样的方法得到 D_{cross},求和即得方向性系数 D,求其最大值 D_{max};

(3)将步骤(2)重复进行 10^4 次,对所得的 D_{max} 进行统计分析,得到置信水平为 95% 时 D_{max} 的置信区间上、下限;

(4)改变 ka 的值,重复步骤(1)~(3),得到 D_{max} 的置信区间上、下限随 ka 的变化情况如图 4.13 所示。

如图 4.14 所示,从计算结果可以看出:D_{max} 的相对误差随 ka 增大而减小,当 $ka>5$ 时 $\hat{D}_{max}$ 的误差可以控制在 20% 以内。

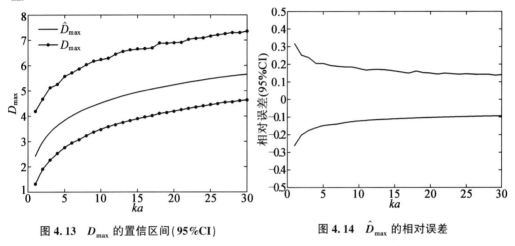

图 4.13　D_{max} 的置信区间(95%CI)　　　　图 4.14　$\hat{D}_{max}$ 的相对误差

4.3.4　对 E_s 的误差分析

采用蒙特卡罗模拟的方法,根据混响室的场强、干扰概率以及方向性系数的统计规律,计算了混响室的搅拌次数 N、干扰概率估计值 $\hat{P}$ 以及 ka 同时作用时临界辐射干扰场强测试的相对误差 ζ_{Es}:

(1)令 $\sigma=10$,给定搅拌次数 N、干扰概率估计值 $\hat{P}$ 以及 ka 的值;

(2)根据 ka 的值,计算得到 N_I,进而计算得到 $\hat{D}_{max}$;

(3)产生 N 个服从参数为 σ 的瑞利分布的随机数作为 $|E_x|$,根据公式得到 $\hat{\sigma}$;

(4)产生服从标准正态分布随机数作为式 $\dfrac{N\hat{P}-NP}{\sqrt{NP(1-P)}}$ 的值,根据 $\hat{P}$ 和 N 求解 $\dfrac{N\hat{P}-NP}{\sqrt{NP(1-P)}}$,将所得结果作为干扰概率的真实值 P;

(5)产生 N_I 个服从均值为 1/2 的指数分布的随机数作为 D_{co},采用同样的方法得到 D_{cross},求和即得方向性系数 D,求其最大值 D_{max};

(6)根据 σ、P、D_{max} 以及 $\hat{\sigma}$、$\hat{P}$、$\hat{D}_{max}$ 计算临界辐射干扰场强真实值 E_s 和测量值 $\hat{E}_s$,计

算二者相对误差 ζ_{Es}；

(7)将步骤(3)~(6)重复计算 2 000 次,对所得的 ζ_{Es} 进行统计分析,得到置信水平为 95% 时 ζ_{Es} 的置信区间上、下限；

(8)改变 N、$\hat{P}$ 以及 ka 的值,重复步骤(2)~(7),得到 N、$\hat{P}$ 以及 ka 变化时 ζ_{Es} 的置信区间上、下限的变化情况,如图 4.15 所示。

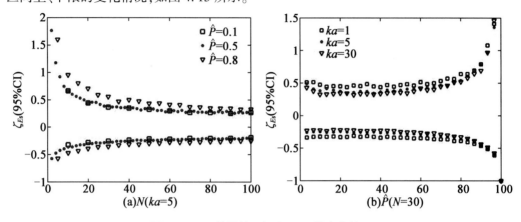

图 4.15 ζ_{Es} 的置信区间上、下限的变化情况

从图 4.15 可以看出,当混响室搅拌次数 N 大于 30,$\hat{P}$ 取值合适($0.1 < \hat{P} < 0.6$),且 EUT 的电尺寸较大($ka > 5$)时,即可保证 E_s 测试的相对误差小于 40%。

4.4 电磁辐射敏感度试验方法步骤

基于干扰概率统计特性的混响室测试方法流程框图(图 4.16),具体测试步骤如下：

(1)测试设备、EUT 通电预热并达到稳定工作状态。

(2)开展预试验,预估混响室输入功率。

根据 EUT 测试要求,选定测试频率,设定混响室初始输入功率,对 EUT 进行电磁辐射效应测试；参照变步长升降法调节混响室输入功率,在搅拌器步进一周的过程中,使 EUT 出现某一效应的概率达到 10%~60%。

(3)进行 EUT 电磁辐射敏感度测试。

固定混响室激励天线的输入功率,搅拌器步进旋转一周,记录 EUT 出现效应的概率估计值 $\hat{P}$；测试过程中,在测试区域远离 EUT 的某一固定位置,测试每一搅拌位置的电场强度有效值 E_i,计算 σ 值。

(4)确定 EUT 等效天线方向性系数最大值。

根据 EUT 出现的电磁辐射效应及 EUT、线缆电尺寸,按照 EUT 电磁辐射耦合等效天线方向性系数选取原则,确定 EUT 等效天线方向性系数最大值的估计值。

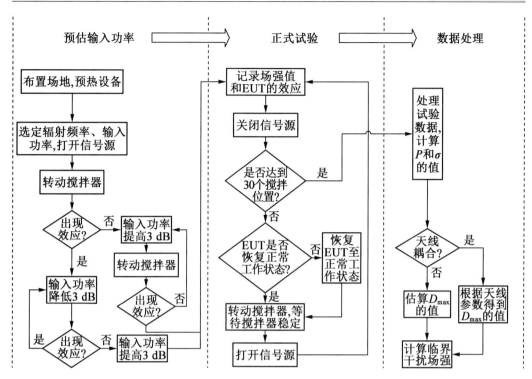

图 4.16　基于干扰概率统计特性的混响室测试方法流程框图

(5)EUT 临界干扰场强的定量计算。

根据 EUT 出现效应的概率估计值 $\hat{P}$、场强直角分量实部幅值均值 σ 和 EUT 等效天线方向性系数最大值的估计值 $D_{\max}$，计算 EUT 的临界干扰场强估值。

$$E_s = \sigma \sqrt{\frac{3\ln(1/P)}{D_{\max}}} \tag{4.52}$$

(6)测定 EUT 的临界干扰场强曲线。

改变测试频率，重复上述测试步骤(2)～(5)，测试不同频率对应的 EUT 临界干扰场强，给出不同效应对应的 EUT 临界干扰场强曲线。

4.5　基于干扰概率统计特性的混响室测试方法有效性验证

为了对 $D_{\max}$ 的估计方法以及混响室电磁辐射敏感度测试方法的有效性进行验证，以某型计算机为 EUT 进行效应试验。首先在混响室中试验，测试计算机的临界干扰场强；然后在均匀场中试验，再次测试计算机的临界干扰场强，比较两种场地中的测试结果是否一致。计算机在均匀场中的临界干扰场强是在电波暗室中测得的，屏蔽室内部贴有吸波材料，其性能符合 GJB 151B—2013 电磁兼容测试要求。

4.5.1　试验设置及计算机的干扰效应

分别按照图 4.17 和图 4.18 布置混响室和屏蔽室中的试验,试验的实际场景如图 4.19 所示。在混响室试验中,将计算机、场强计、摄像头置于混响室的测试区域,相互之间的距离大于半波长。在屏蔽室试验中,计算机置于测试台上,天线主波束对准计算机,通过底部转台转动来改变辐照方向。试验所用的功率放大器最大输出功率为 250 W,在混响室中的最大场强不低于 300 V/m,在屏蔽室中产生的最大场强约为 200 V/m。

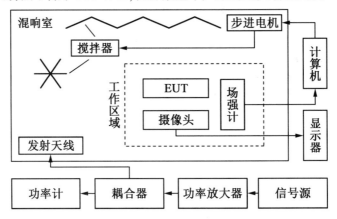

图 4.17　混响室测试的试验设施及场地布置示意图

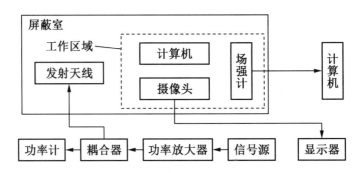

图 4.18　屏蔽室试验示意图

（a）混响室试验　　　　　　　　（b）屏蔽室试验

图 4.19　计算机试验实际场景

根据预先试验结果,选取 EUT 试验的敏感频段为 1 GHz~2.1 GHz,在该频段内每隔 100 MHz 对计算机进行测试。图 4.20 为计算机的正常状态和故障状态,故障状态包括"黑屏""蓝屏"两种,都属于显示异常,测试时按同一种效应类型记录。干扰场强达到一定强度时,计算机由正常状态跳变为故障状态,停止辐照后无法自动恢复,需手动重启,重启后计算机即可恢复至正常状态。

　　　(a)正常状态　　　　　　　　　　(b)故障 1—黑屏　　　　　　　　(c)故障 2—蓝屏

图 4.20　计算机的正常状态和故障状态

4.5.2　混响室试验结果

混响室试验按照图 4.16 中的测试流程进行。从较小的输入功率开始,逐渐提高信号源的输入信号和功放的功率,转动搅拌器、观察计算机。待计算机出现故障后,保持信号源和功放输入功率不变,开始记录数据。测试完 30 个搅拌位置后处理试验数据,估算计算机的 D_{max},得到计算机的临界干扰场强。

测试结果的重复性是衡量测试方法优劣的重要指标。为检验混响室辐射敏感度测试方法的重复性,通过调整输入功率,在不同干扰概率下对计算机进行试验。图 4.21 给出了两次试验在 1.5 GHz 时场强的统计规律和各个搅拌位置计算机的干扰情况。可以看到,场强的统计规律与理论基本一致,第二次测试时场强相对较大,两次测试时计算机故障出现的位置随机,场强增大时干扰次数增加。

表 4.2 给出了混响室中的试验数据,包括 D_{max} 的估计值、参数 σ、干扰概率 P、临界场强 E_s 以及两次测试结果的相对误差。采用不同的下标来区分两次测试结果,例如,P_1、P_2 分别表示两次测试的干扰概率 P。参数 σ、P 根据前文中相应公式计算得到,D_{max} 采用第 4.2 节中的方法进行估计。在预试验中,只有当壳体打开时才能出现干扰,这说明虽然该计算机可能的耦合通道较多,包括主机、显示器的电源线,键盘、鼠标的连接线等,但各种外部线缆并未成为耦合通道,只有计算机主机对电磁能量较为敏感,试验所用 EUT 的敏感部位已知。把主机壳体的尺寸 420 mm×182 mm× 410 mm,代入 D_{max} 的计算公式,得到计算机 D_{max} 的具体数值。

从表 4.2 可以看到,虽然两次测试时 σ 的值以及干扰概率 P 不同,但是最终得到的临界干扰场强并未出现较大差异,二者相对误差最大值为 2.76 dB,大多数误差在 1 dB

左右,混响室测试结果表现出较好的重复性。

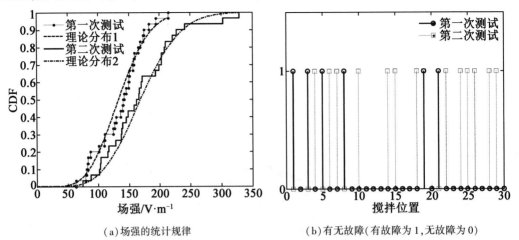

(a)场强的统计规律　　　　　　　　　　(b)有无故障(有故障为1,无故障为0)

图 4.21　混响室中的两次测试结果(1.5 GHz)

表 4.2　混响室中计算机试验数据

f/GHz	D_{max}	σ_1/V·m^{-1}	σ_2/V·m^{-1}	P_1	P_2	E_{s1}/V·m^{-1}	E_{s2}/V·m^{-1}	相对误差/dB
1.0	4.11	52.25	58.61	0.067	0.133	73.49	71.11	0.29
1.1	4.20	45.07	60.14	0.200	0.333	48.32	53.26	-0.85
1.2	4.29	45.37	67.42	0.033	0.100	70.00	85.58	-1.75
1.3	4.37	38.55	46.98	0.167	0.300	42.77	42.74	0.01
1.4	4.44	56.74	78.04	0.100	0.133	70.79	91.08	-2.19
1.5	4.50	57.67	73.17	0.200	0.467	59.71	52.13	1.18
1.6	4.57	48.00	60.79	0.100	0.233	59.03	59.44	-0.06
1.7	4.63	46.41	52.04	0.233	0.300	45.09	45.98	-0.17
1.8	4.68	55.74	70.49	0.100	0.467	67.72	49.27	2.76
1.9	4.73	50.06	65.00	0.067	0.233	65.59	62.43	0.43
2.0	4.78	68.76	94.33	0.033	0.367	100.42	74.82	2.56
2.1	4.83	72.38	77.28	0.167	0.167	76.34	81.51	-0.57

4.5.3　屏蔽室试验结果

屏蔽室试验前先检验测试区域的场均匀性,确保场均匀性优于 3 dB。然后布置试验场地,按照以下步骤测试计算机的临界干扰场强:

(1)将计算机置于天线波束中心,随机选取初始辐照方向,由低到高增加信号源和功放的输出功率,直至计算机刚好出现故障;

（2）关闭信号源,重启计算机至正常工作状态,通过底部转台旋转计算机,保持信号源和功放输出功率不变,打开信号源,对计算机进行辐照;

（3）若计算机出现故障,减少信号源输入,直至计算机刚好出现故障;若计算机未出现故障,则转入步骤（2）;

（4）重复步骤（2）和（3）,直至所有辐照方向测试完毕;

（5）将计算机移出测试区域,用场强计测量计算机移出前主机附近前、后、左、右四点的场强值,取平均得到计算机的临界干扰场强。

在上述步骤中,根据 GJB 151B—2013,计算机刚好出现故障的判定方法是:敏感现象出现后降低干扰信号电平至 EUT 恢复正常,继续降低干扰信号电平 6 dB,逐渐增加干扰信号电平至敏感现象再次出现,认为此时计算机刚好出现故障。

通过重复步骤（2）和（3）,信号源输入逐渐减小,在计算机较为钝感的方向上不再进行测试,避免了在每个辐照方向都测量一遍临界场强,有助于提高测试效率。当所有辐照方向测试完毕后,最后一次辐照时的场强即为计算机的临界干扰场强。

由于电磁能量主要是通过计算机主机壳体打开的一侧影响计算机的,试验中只对该区域进行了重点辐照。测试时对壳体打开一侧的 16 个等间隔的方向进行了辐照,电场极化方向先水平再垂直,即实际辐照次数为 32 次。

最终的测试结果如图 4.22 所示,记均匀场的临界干扰场强为 E_u,比较了 E_u 与混响室测试结果 E_{s1}、E_{s2} 的大小及相对误差。可以看到,混响室与均匀场测试结果基本一致,两次测试与均匀场间的最大误差约为 4 dB。在部分频点均匀场测试结果偏大,主要是均匀场辐照方向与 EUT 最敏感方向存在偏差以及混响室、屏蔽室中的测试误差造成的。

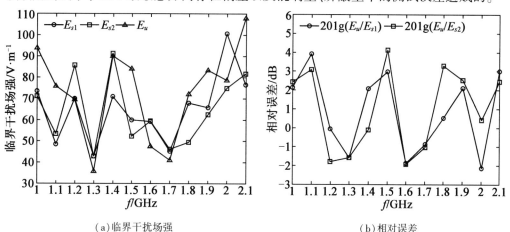

（a）临界干扰场强　　　　　　　　　　（b）相对误差

图 4.22　混响室、屏蔽室试验结果比较

第 5 章　差模定向注入效应试验方法

随着大功率用频设备的不断增多以及电子战系统、电磁脉冲弹和高功率微波武器的快速发展,未来信息化战场有限空间内的电磁环境将日趋恶劣,高强度辐射场(High Intensity Radiated Field ,HIRF)已经成为武器装备和部分民用电子设备所面临的新挑战。

目前,国内外舰载、机载等大功率发射机的辐射场强可达数万伏每米,电磁脉冲弹和高功率微波武器的辐射功率已提升至几十吉瓦。国内实验室条件下:模拟的连续波辐射场强一般为 1 000 V/m(微波段约 300 V/m);宽带电磁脉冲源(UWB)辐射功率为几吉瓦,窄带电磁脉冲源(HPM)辐射功率为几百千瓦,且基本为固定频率。因此,在实验室条件下依靠单一的辐射效应试验方法难以满足 HIRF 辐射敏感度试验的需求,需要探索一种能够在理论上确保注入与辐射严格等效的试验新方法,弥补单一辐射效应试验方法在测试场地及辐射强度等方面的不足,以检验互联武器系统在极端恶劣电磁环境下的安全性。本章针对武器装备天线、同轴线缆耦合通道强场电磁辐射效应试验考核的技术需求,提出了差模定向注入效应试验方法。

5.1　注入等效代替辐射效应理论基础

5.1.1　注入法替代辐射法的适用范围及等效依据

辐射法与注入法是电磁兼容试验中最重要的两类试验方法,辐射法考核的是受试系统对外界电磁辐射环境的适应性,注入法考核的是受试系统对传导骚扰信号的抗干扰能力。从严格意义上来说,注入和辐射过程不能完全等效,因为辐射过程可以通过多种耦合通道(如线缆、天线、孔缝等)以诸多分布源的形式共同作用于受试系统,而注入过程仅相当于针对特定的耦合通道以集总源的形式作用于受试系统。只有当外界电磁辐射环境是通过特定的耦合通道转化成传导骚扰信号以后,再对受试设备产生干扰影响的这种情况,注入法与辐射法才能够完全等效。比如,对于干扰耦合通道十分明确的互联系统、天线收发系统等,由于互联设备大部分情况下放置于屏蔽箱体(壳体)内部,电磁能量主要以传导干扰的形式经互联线缆或天线端口作用于受试系统的内部电路,由于试验考核的是互联线缆端接设备或天线后端连接设备的电磁敏感性,因此,此种条件下可以采用注入的试验方法来等效替代辐射效应试验。

对于干扰耦合通道十分明确的互联系统或天线收发系统而言,注入与辐射效应试验理论上严格等效的依据是两者对受试设备的端口响应相等,工程上等效的依据是两者对受试设备产生的效应相同。根据传输线理论:互联传输线终端设备端口的响应为 $u(l) =$

$u^+(l)[1+\Gamma(l)]$,其中 $u^+(l)$ 为设备端口处的前向电压,$\Gamma(l)$ 为设备端口的反射系数,对于非线性系统来说,反射系数 $\Gamma(l)$ 与前向激励电压密切相关,因此,若能够保证两种试验条件下受试设备端口处的前向电压 $u^+(l)$ 相同,则也可以保证两者试验方法的等效性。由于互联传输线上的前向电压不存在驻波,从而避免了将线缆上的感应电流作为等效依据时,驻波效应对测试准确性的影响。因此,本方法将以设备端口处的响应电压或前向电压相等作为注入法与辐射法等效的依据。

5.1.2　互联系统注入与辐射响应分析模型

典型互联系统的构成如图 5.1(a)所示,假设 B 为受试设备,A 为接收天线或者是互联设备。互联系统在外界电磁辐射条件下,可以简化成如图 5.1(b)所示的等效电路模型。

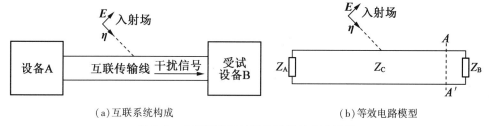

(a)互联系统构成　　　　　　　　　　(b)等效电路模型

图 5.1　典型互联系统结构及等效电路模型

为了计算受试设备 B 的端口响应,A–A' 左侧的分支可以等效为如图 5.2 所示的戴维南等效电路。

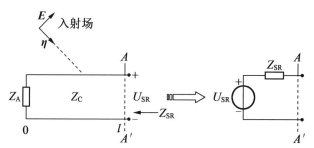

图 5.2　左侧分支等效戴维南等效电路

令 A–A' 端口与设备 A 之间的传输线长度为 l,设备 A 的反射系数为 Γ_A,γ 为传播常数,根据传输线理论,A–A' 左侧分支戴维南等效电路的阻抗 Z_{SR} 为

$$Z_{SR} = Z_C \frac{1+\Gamma_{A-A'}}{1-\Gamma_{A-A'}} = Z_C \frac{1+\Gamma_A e^{-2\gamma l}}{1-\Gamma_A e^{-2\gamma l}} \tag{5.1}$$

电磁辐射条件下,由互联传输线耦合得到的等效电路开路电压 U_{SR} 可用 BLT 方程进行求解。令 A–A' 端口开路,即 $\Gamma_B = 1$,可求得 $x=l$ 处的开路电压 U_{SR}' 为

$$U_{SR}' = \frac{2}{1-\Gamma_A e^{-2\gamma l}}(e^{-\gamma l}S_1 + \Gamma_A e^{-2\gamma l}S_2) \tag{5.2}$$

若设备 A 为接收天线,由于天线直接耦合可以认为在 $x=0$ 处形成集总电压源 U_0,假

设天线有效长度为 l_e，方向性函数为 $F(\theta,\varphi)$，天线极化方向为 $\boldsymbol{e}_\tau$，则

$$U_0 = l_e F(\theta,\varphi)\boldsymbol{E}\cdot\boldsymbol{e}_\tau \tag{5.3}$$

根据 BLT 方程，同样可以计算由于天线耦合形成的集总电压源 U_0 作用下的等效电路开路电压 U_{SR}''：

$$U_{SR}'' = U_0\frac{\mathrm{e}^{-\gamma l}(1-\varGamma_A)}{1-\varGamma_A\mathrm{e}^{-2\gamma l}} = \frac{\mathrm{e}^{-\gamma l}(1-\varGamma_A)}{1-\varGamma_A\mathrm{e}^{-2\gamma l}}l_e F(\theta,\varphi)\boldsymbol{E}\cdot\boldsymbol{e}_\tau \tag{5.4}$$

根据叠加原理，戴维南等效电路的开路电压 U_{SR} 应该是传输线耦合形成的开路电压 U_{SR}' 与天线耦合形成的开路电压 U_{SR}'' 之和，即 $U_{SR} = U_{SR}' + U_{SR}''$。

$$U_{SR} = \frac{2(\mathrm{e}^{-\gamma l}S_1 + \varGamma_A\mathrm{e}^{-2\gamma l}S_2) + \mathrm{e}^{-\gamma l}(1-\varGamma_A)l_e F(\theta,\varphi)\boldsymbol{E}\cdot\boldsymbol{e}_\tau}{1-\varGamma_A\mathrm{e}^{-2\gamma l}} \tag{5.5}$$

为简化上述表述方式，令辐射等效集总电压源 U_{SR} 与电场强度 $\boldsymbol{E}$ 之间的线性传递函数为 H，则辐射等效集总电压源 U_{SR} 可简化表示为

$$U_{SR} = H\cdot\boldsymbol{E} = \frac{2(\mathrm{e}^{-\gamma l}S_1 + \varGamma_A\mathrm{e}^{-2\gamma l}S_2) + \mathrm{e}^{-\gamma l}(1-\varGamma_A)l_e F(\theta,\varphi)\boldsymbol{E}\cdot\boldsymbol{e}_\tau}{1-\varGamma_A\mathrm{e}^{-2\gamma l}} \tag{5.6}$$

如图 5.3(a) 通过求得等效阻抗 Z_{SR} 和辐射等效集总电压源 U_{SR}，可以计算得出 Z_B 的辐射响应 U_{BR}：

$$U_{BR} = \frac{Z_B}{Z_{SR}+Z_B}U_{SR} = \frac{Z_B}{Z_{SR}+Z_B}H\cdot\boldsymbol{E} \tag{5.7}$$

参照上述分析过程，可以得出受试设备 B 在注入试验条件下的等效电路，如图 5.3(b) 所示，其中：U_{SI} 为注入电压源，Z_{SI} 为注入电压源的等效阻抗，U_{BI} 为受试设备 B 在注入试验条件下的响应。

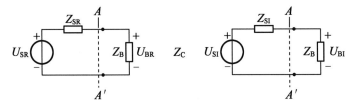

（a）辐射响应等效电路　　　　　　（b）注入响应等效电路

图 5.3　互联系统辐射与注入响应等效电路分析模型

受试设备 B 在注入试验条件下的响应 U_{BI} 可表示为

$$U_{BI} = \frac{Z_B}{Z_{SI}+Z_B}U_{SI} \tag{5.8}$$

根据提出的注入与辐射两种试验方法等效的依据，即受试设备的响应相同（$U_{BI} = U_{BR}$），可以得到

$$U_{SI} = \frac{Z_{SI}+Z_B}{Z_{SR}+Z_B}U_{SR} = \frac{Z_{SI}+Z_B}{Z_{SR}+Z_B}H\cdot\boldsymbol{E} \tag{5.9}$$

5.1.3 非线性条件下注入激励源外推模型

提出新的注入试验方法,目的是要在设备干扰耦合通道为天线或线缆的条件下替代 HIRF 辐射效应试验,解决传统 BCI 注入试验方法应用于非线性响应系统(HIRF 试验条件可能使受试设备出现非线性)试验误差大等问题。前面给出了等效注入电压源 U_{SI} 的理论分析计算模型,但在 HIRF 辐射试验条件下,受试设备的阻抗 Z_B 不再是定值,由于获取 HIRF 条件下受试设备的阻抗 Z_B 存在较大的难度,因此采用上述理论模型计算强场条件下的等效注入电压源在工程上难以实现。较为可行的方法是:在低场强下(保证受试系统处于线性响应区)获取等效注入电压与辐射场强之间的对应关系,与 HIRF 辐射效应试验等效的注入电压源采用外推的方法得到。

下面分线性响应系统和非线性响应系统两种情况进行分析。对于线性响应系统,即满足当 $\boldsymbol{E}_1(t) \to U_1(t)$、$\boldsymbol{E}_2(t) \to U_2(t)$,则有 $a\boldsymbol{E}_1(t) + b\boldsymbol{E}_2(t) \to aU_1(t) + bU_2(t)$,其中 $U_1(t)$ 是受试系统在 $E_1(t)$ 辐射条件下的端口响应,$U_2(t)$ 是受试系统在 $E_2(t)$ 辐射条件下的端口响应,a 和 b 为任意常数。根据线性系统的齐次性 $aE(t) \to aU(t)$,即辐射场强或注入电压源扩大 a 倍,受试系统的端口响应也扩大 a 倍,因此若受试系统在低场强下注入电压源 U_{SI} 与辐射场强 E 之间的对应关系(传递函数)为 $k = U_{SI}/E$,则替代高场强 E' 辐射效应试验的等效注入电压源为 $U_{SI}' = \boldsymbol{E}' \cdot U_{SI}/E_L = k \cdot \boldsymbol{E}'$。

对于非线性响应系统,即在高场强辐射或高功率注入试验条件下,由于模块、器件工作状态的改变(如进入饱和区、限幅区等)以及材料性能、寄生参数的变化等因素的影响导致受试系统的响应已经不再与输入信号呈线性比例变化,图 5.4 给出了非线性系统可能出现的响应曲线,图中横坐标为辐射场强,纵坐标为受试系统的响应。通常受试系统的非线性可以包含两层含义:一是系统的输入/输出响应表现为非线性,典型的系统为限幅器、放大器、混频器等构成的射频前端系统,其输入/输出响应分为线性区、非线性区和饱和区等;二是系统的输入端口响应表现为非线性,也就是系统的输入端口阻抗随着输入功率的增加而发生改变,导致输入端口的响应出现非线性变化。对于单纯第一层含义的非线性响应系统,由于输入端口的响应是线性的,因此可以将其看成是一种准线性系统来处理;而真正影响试验方法准确性的是包含第二层含义的非线性响应系统,需要特别关注。对于非线性响应系统在高场强 E' 试验条件下注入激励源是否仍然可以采用线性外推或者如何外推是本节需要解决的关键问题。

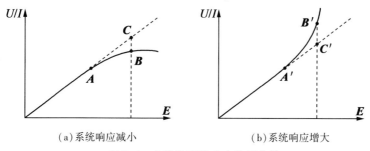

(a)系统响应减小 (b)系统响应增大

图 5.4 非线性系统响应特征曲线

　　为此,在对典型非线性响应系统进行理论分析和试验研究的基础上,将互联系统受外界电磁辐射并出现干扰(降级、失效、毁伤等)效应的情况分为两个过程:即场线耦合过程(对于天线收发系统,则为天线接收过程)和模块、器件的电路响应过程,如图5.5所示。由电磁场理论可知:场线耦合过程或天线接收过程为线性过程,模块、器件的电路响应过程为非线性过程。若能够保证注入激励源与辐射等效的集总电压源在模块、器件的输入前端激励效果相同,则注入试验同样会出现与辐射试验相同的非线性电路响应,即受试系统出现非线性响应完全由系统中模块、器件本身的特性所决定,与受试系统敏感端口处的激励来源(由辐射或注入形成)无关。由于辐射等效的集总电压源是在场线耦合的线性过程中得到的,因此替代HIRF辐射试验的等效注入电压源仍然可以采用线性外推。

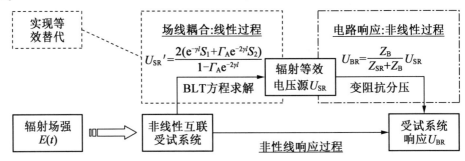

图5.5　非线性互联系统辐射响应过程

　　根据式(5.7)和式(5.8)可知,为保证替代高场强 E' 试验的注入电压源与辐射等效的集总电压源激励效果相同,实现注入与辐射效应试验结果的等效性,需要满足两个条件:第一,替代高场强 E' 试验的注入电压源与辐射等效的集总电压源开路电压相同,即 $U_{SI} = U_{SR}$;第二,注入与辐射响应等效电路中模块、器件响应的分压比相同,即 $Z_B(Z_{SI}+Z_B)^{-1} = Z_B(Z_{SR}+Z_B)^{-1}$。由于 U_{SR} 是场线耦合或天线接收过程得到的辐射等效集总电压源,而场线耦合或天线接收过程为线性过程,因此替代高场强 E' 试验的等效注入电压源可以通过两种试验方法在低场强下的对应关系(低场强下受试系统处于线性响应区)线性外推得到,满足第一个条件不存在问题;第二个条件,由于受试设备 B 的阻抗 Z_B 在高场强辐射或高功率注入试验条件下可能会发生改变,为保证电路响应的分压比在不同激励强度下均保持相同,则要求辐射与注入等效电路中激励源的输出阻抗相同(即 $Z_{SI} = Z_{SR}$)。满足了这两个条件,理论上由低场强 E 到高场强 E' 试验的等效注入电压源仍然可以采用线性外推。

5.1.4　注入等效替代 HIRF 试验新方法设想

1. 等效试验方法的基本思路

　　根据前面的理论分析结果,拟采取的注入等效替代 *HIRF* 辐射效应试验方法的基本思路如图5.6所示,其试验流程可以概括为以下几个步骤。

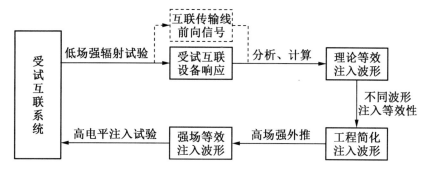

图 5.6 注入等效替代 HIRF 辐射效应试验流程框图

首先,对受试互联系统进行低场强电磁辐射效应试验(预先试验),在保证受试系统响应处于线性区的条件下,监测受试设备响应波形或互联传输线前向传输信号波形等特征参量,并以此作为注入波形等效的依据。

其次,根据两种试验方法对受试系统产生的响应相等或效应相同这一等效原则,结合低场强辐射效应试验监测的响应结果,分析、计算、推导得出直接加在受试设备端口的理论等效注入波形。

第三,对于强电磁脉冲辐射效应试验,由于互联系统接收电磁能量时存在选频特性,其理论上等效的注入波形可能是一个无规则波形,难以实现直接注入。为此,必须通过对不同波形注入的等效性研究,提取被试装备的效应特征参数,获取具有工程应用价值的标准简化注入波形。

最后,为实现高场强辐射效应试验的目的,需要对低场强辐射(预先试验)等效的注入波形进行线性外推,得到强场等效注入波形,从而对互联系统进行高电平等效注入试验,实现强场条件下的注入替代辐射效应试验方法的等效性。

2. 拟采取的关键技术方案

为解决传统 BCI 注入试验方法存在的应用频率范围受限、无法有效应用于非线性响应系统、感应电流驻波影响测试精度以及无法模拟差模干扰信号对受试设备的影响等方面的问题,结合上述等效试验方法的基本思路,提出注入等效替代 HIRF 辐射效应试验方法拟采用如下的关键技术方案。

(1)干扰信号的注入采用差模定向注入试验方法。

传统的 BCI 技术采用电流探头进行感应电流的监测和注入,由于高频时电流探头内部铁氧体环的相对磁导率下降以及磁滞现象和涡流的存在,导致其应用频率范围受限。此外,对于同轴线缆、多芯屏蔽线缆等,该方法主要是以共模干扰信号的方式进行注入,无法模拟天线接收到的差模干扰信号对受试设备的影响。考虑到上述问题,拟采用差模干扰信号定向注入的试验方法,在保证互联受试系统能够正常传输工作信号的前提下进行效应试验,拓展注入信号的频率范围和新型注入试验方法的应用范围。

(2)以设备端口的响应电压相等或前向电压相等作为等效依据。

传统的 BCI 技术是以线缆上某一点的感应电流相等作为两种试验方法等效的依据,

测试结果对注入探头的位置十分敏感,尤其当注入信号的波长小于被测线缆的长度时,在线缆上可能形成明显的驻波,如果不能有效提取驻波电流的分布状态,则可能进一步影响测试结果的准确性。因此,将以设备端口的响应电压或前向电压相等作为等效依据,由于设备端口的响应电压或传输线上的前向电压不存在驻波的问题,从而避免了将线缆上某一点的感应电流相等作为等效依据时,驻波效应对测试准确性的影响。

(3)利用线性外推确定高电平辐射试验条件下的等效注入电压源。

传统的 BCI 技术假设高、低电平辐射场在线缆上产生的感应电流具有相同的传递函数,利用感应电流与辐射场强之间的对应关系,线性外推高电平辐射场在线缆上产生的感应电流。在注入试验过程中,当注入线缆上的感应电流达到上述外推值时,就认为此时的注入试验与高电平辐射试验是等效的。这种方法采用将线缆上的感应电流响应信号进行线性外推,进而完成与高电平辐射等效的注入试验,对于非线性响应系统而言,这种方法必然会存在较大的误差。根据上一节理论分析的结果,等效注入电压源的开路电压与辐射强场之间为线性变化关系,与受试系统的特性无关,因此将以注入电压源与辐射场强之间的对应关系进行线性外推,进而获取高电平辐射条件下的等效注入电压源,并最终完成非线性响应受试系统的强场等效注入试验。

在工程上实现上述关键技术,现有的条件及硬件设备已无法满足要求,因此需研制用于差模干扰信号定向注入的辅助试验设备,从而实现对互联系统中前向信号的准确提取、干扰信号的保真注入以及工作信号的正常传输和有效监测,为实现宽频带差模定向注入等效替代强场电磁辐射效应试验方法提供硬件设备支撑。

5.2　辅助试验设备功能特性分析

“定向注入/监测耦合装置”(以下简称定向耦合装置)是用于对受试互联系统进行差模干扰信号定向注入的辅助试验设备,其典型应用连接方式示意图如图 5.7 所示。假设 B 为受试设备,A 为接收天线或者是互联设备,通过定向耦合装置将受试设备 B 与互联线缆进行连接,在 A、B 构成的系统正常工作的前提下,通过定向耦合装置的注入端口对受试设备 B 进行差模定向注入试验。

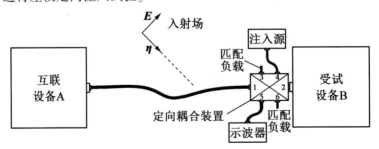

图 5.7　定向注入/监测耦合装置典型应用连接方式示意图

5.2.1　辅助试验设备的功能

为满足差模定向注入等效替代强场电磁辐射效应试验的需求,定向耦合装置应包含以下功能端口,具体功能及技术要求如下。

(1)直通端口。该端口主要用于设备 A、B 之间正常工作信号的传输,保证互联系统能够在正常工作的前提下进行差模注入试验。要求该装置两个直通端口之间的插入损耗(Insertion Loss,IL)小,尽可能降低对主通道工作信号传输造成的影响。

(2)注入端口。该端口主要用于对受试设备 B 定向注入差模干扰信号。要求该端口不应向外耦合太多能量,避免对 A、B 之间正常传输工作信号产生影响(即对直通端插入损耗产生影响)。此外,应用于宽带 EMP 测试的定向耦合装置,还要求该端口具有足够的工作带宽,能够覆盖电磁脉冲干扰信号的主要频率范围。

(3)监测端口。该端口主要用于监测经定向耦合装置主通道(直通端口)传输的前向电压(功率)。要求在外界电磁辐射或通过注入端口注入干扰信号时,能够对进入受试设备 B 输入端口的前向信号进行监测,同样要求监测端口不应向外耦合太多能量。此外,前向传输信号的监测与干扰信号的注入应能够同时进行,且互不影响。

5.2.2　结构设计及传输特性分析

1. 定向耦合装置结构设计

为实现"差模定向注入-线性外推"的思想,定向耦合装置应包含前向信号准确提取、差模干扰信号保真注入和正常工作信号有效传输等功能,经过研究发现:定向耦合器具备类似的性质,采用多个单定向耦合器进行级联有望实现上述功能。按照上述设计思路,由于定向耦合装置要求有注入和监测两个功能端口,并且要求能够同时工作,而每一个功能端口可由 1 个单定向耦合器实现其功能,因此定向耦合装置拟采用两个单定向耦合器级联而成,共需要 6 个端口,如图 5.8 所示。

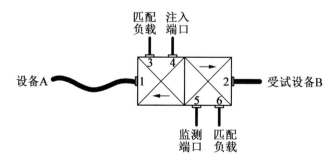

图 5.8　定向注入/监测耦合装置级联结构示意图

(1)定向耦合装置的 1#、2# 端口为工作信号传输的直通端。其中,1# 端口通过互联线缆与接收天线或互联设备进行连接(图中设备 A),2# 端口与受试设备的输入端口进行连接(图中的设备 B),1#、2# 端口不可反接。

（2）定向耦合装置的 3#、4# 端口为其中一个单定向耦合器的耦合端和隔离端，4# 端口用作注入端口，用于对受试设备 B 定向注入差模干扰信号，3# 端口连接匹配负载，用于吸收由 4# 端口耦合进入到 3# 端口的电磁能量。

（3）定向耦合装置的 5#、6# 端口为另一个定向耦合器的耦合端和隔离端，5# 端口用作监测端口，用于监测经过 2# 端口传向受试设备 B 的前向电压或功率（包括正常工作信号和干扰信号），6# 端口连接匹配负载，用于消除信号在 6# 端口的反射。

2. 注入/监测端口相位特性分析

前面已经确定了采用定向耦合器的工作原理设计辅助试验设备，工程中常用的定向耦合器为对称定向耦合器，其传输特性为耦合端输出信号与主通道传输信号之间有 90° 的相位跃变。当定向耦合器的主通道传输单频连续波信号时，耦合端输出的信号只是相位延迟 90°，波形没有发生改变；但是当定向耦合器的主通道传输宽带电磁脉冲信号时，带内所有频率成分的信号经耦合端输出后相位均同时跃变 90°，此时耦合端输出宽带信号的时域波形是否会发生畸变，这种对称定向耦合器的工作原理是否仍然适合于宽带电磁脉冲辅助试验设备的研制是下面需要考虑的重要问题。

根据非周期信号的傅立叶变换公式：

$$f(t) = \frac{1}{2\pi} \int_{-\infty}^{\infty} F(j\omega) e^{j\omega t} d\omega = \frac{1}{\pi} \int_{0}^{\infty} |F(j\omega)| \cos[\varphi(\omega) + \omega t] d\omega \qquad (5.10)$$

非周期信号可以分解为无限多个频率为 ω（$-\infty$ 到 $+\infty$ 连续变化）、复振幅为 $F(j\omega) d\omega/2\pi$ 的指数分量 $e^{j\omega t}$ 的线性叠加（积分）。

若定向耦合器耦合端输出信号所有频率成分的相位均跃变 90°，则相位跃变后的耦合端输出信号 $g(t)$ 变为

$$g(t) = \frac{1}{\pi} \int_{0}^{\infty} |F(j\omega)| \cos[\varphi(\omega) + \pi/2 + \omega t] d\omega$$

$$= -\frac{1}{\pi} \int_{0}^{\infty} |F(j\omega)| \sin[\varphi(\omega) + \omega t] d\omega \qquad (5.11)$$

若定向耦合器耦合端输出信号所有频率成分的相位均跃变 180°，则相位跃变后的耦合端输出信号 $h(t)$ 变为

$$h(t) = \frac{1}{2\pi} \int_{-\infty}^{\infty} F(j\omega) e^{j\pi} \cdot e^{j\omega t} d\omega = -\frac{1}{2\pi} \int_{-\infty}^{\infty} F(j\omega) e^{j\omega t} d\omega \qquad (5.12)$$

由式（5.11）和式（5.12）可知：当定向耦合器耦合端输出信号所有频率成分的相位均跃变 90° 时，$g(t) \neq f(t)$，即耦合端输出宽带脉冲信号的波形将发生畸变；当耦合端输出信号所有频率成分的相位均跃变 180° 时，$h(t) = -f(t)$，即耦合端输出信号的极性相反，但波形保持不变。此外，根据时频信号对应关系具有的时延特性，若 $f(t) \leftrightarrow F(j\omega)$，则 $f(t-t_0) \leftrightarrow F(j\omega) e^{-j\omega t_0}$，可知：对于时域信号 $f(t)$ 时延 t_0 后，其对应的各频率成分信号相移 $\omega \cdot t_0$（与角频率 ω 线性相关），而并不是某一固定相位值。因此，只有当所有频率成分 $F(j\omega)$ 的相移按照角频率 ω 线性变化，其对应的时域信号 $f(t)$ 才能够只产生时延而波形

不发生畸变。

　　为更加直观地分析说明上述问题,我们针对常见的双指数脉冲、高斯脉冲、方波脉冲和高功率微波(High-Power Microwave, HPM)四种波形,利用分析软件,通过仿真分析相移后的时域波形变化情况,来验证上述理论分析结果的正确性。具体方法如下:首先,对选取的典型时域脉冲信号进行快速傅立叶变换(FFT),得到其频谱分量的幅值和相位;其次,将所有频谱分量的幅值保持不变,相位同时改变 90° 或 180°;第三,将相移后的所有频谱分量进行反傅立叶变换(IFFT),得到相移后的新时域信号波形;最后,绘制初始时域脉冲信号波形和相移后的新时域脉冲信号波形并比较波形的变化情况。MATLAB 仿真计算的结果如图 5.9~图 5.12 所示。

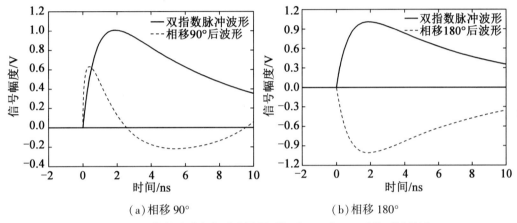

（a）相移 90°　　　　　　　　　　（b）相移 180°

图 5.9　双指数脉冲各频谱分量同时相移 90° 或 180° 后的时域波形

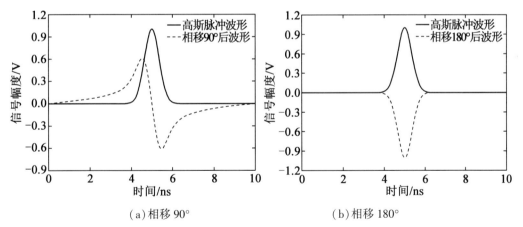

（a）相移 90°　　　　　　　　　　（b）相移 180°

图 5.10　高斯脉冲各频谱分量同时相移 90° 或 180° 后的时域波形

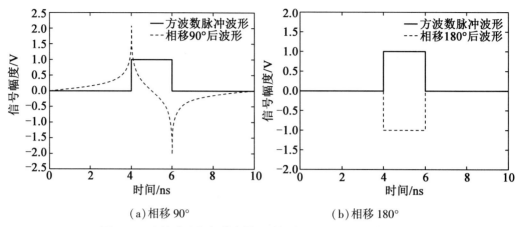

（a）相移 90°　　　　　　　　　　（b）相移 180°

图 5.11　方波脉冲各频谱分量同时相移 90°或 180°后的时域波形

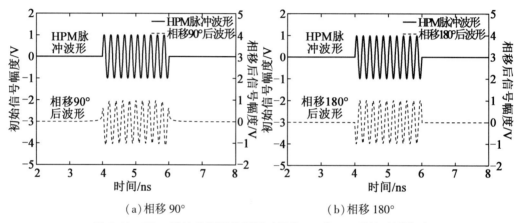

（a）相移 90°　　　　　　　　　　（b）相移 180°

图 5.12　HPM 脉冲各频谱分量同时相移 90°或 180°后的时域波形

从图 5.9~图 5.11 可以看出：当宽带脉冲信号的所有频率成分相位跃变 90°时，其相移后的脉冲信号波形已经明显发生了畸变；当宽带脉冲信号的所有频率成分相位跃变 180°时，其相移后的脉冲信号极性相反，但波形仍保持不变，上述仿真分析结果与理论分析的结论完全一致，同时这一研究结果也表明：具有 90°相位跃变的对称定向耦合器的工作原理不能用于宽带电磁脉冲辅助试验设备的设计研制。

对初始时域信号波形 $f(t)$ 进行微分得

$$f'(t) = -\frac{1}{\pi}\int_0^\infty \omega\,|\,F(\mathrm{j}\omega)\,|\sin[\,\varphi(\omega)\,+\,\omega t]\mathrm{d}\omega \tag{5.13}$$

通过比较式（5.11）和式（5.13）可以看出：所有频率成分相位均跃变 90°后的脉冲信号波形表达式 $g(t)$ 与初始信号波形的微分表达式 $f'(t)$ 非常接近，其差别在于 $f'(t)$ 的被积函数 $\omega\,|\,F(\mathrm{j}\omega)\,|\sin[\varphi(\omega)+\omega t]$ 多出一个 ω。因此，图 5.9~图 5.11 中相位跃变 90°后的脉冲信号波形在一定程度上仍具有初始时域信号微分波形的特征。

从图 5.12 可以看出：对于窄带脉冲信号 HPM，由于 HPM 的频谱是以载波信号的频率成分为主，因此当其所有频率成分的相位跃变 90°时，其跃变后的 HPM 波形包络仅发生了微小变化,载波信号的频率不变、相位延迟 90°。由于相位跃变 90°后的 HPM 波形的幅值、脉宽、能量、载波频率等信号特征参量基本上没有发生改变,因此,对称定向耦合器的工作原理可用于 HPM 辅助试验设备的设计研制。

通过上面的理论分析和仿真验证我们得到如下的结论:(1)对于应用于宽带 EMP 测试的定向耦合装置(9 kHz~1 GHz),其注入和监测端口相位跃变只能为 0°或 180°。这里我们可以采用反对称定向耦合器的设计方案,其特点为:主通道信号与正向耦合端信号同相位、主通道信号与反向耦合端信号相位相差 180°,可以保证注入(监测)信号与主通道信号波形的一致性。(2)对于应用于 CW 和窄带 EMP 测试的定向耦合装置(1~40 GHz),由于对注入和监测端口的相位跃变无特殊要求,因此采用对称定向耦合器或反对称定向耦合器的设计方案均可满足效应试验的需求。

3. 定向耦合装置传输特性设计

根据定向耦合装置的功能结构设计可知,其对应散射矩阵 S 应满足对称性及幺正性(互易、无耗网络),即 $S^{\mathrm{T}} = S$,$S^{\mathrm{T}} S^* = 1$。

$$S = \begin{bmatrix} S_{11} & S_{12} & S_{13} & S_{14} & S_{15} & S_{16} \\ S_{21} & S_{22} & S_{23} & S_{24} & S_{25} & S_{26} \\ S_{31} & S_{32} & S_{33} & S_{34} & S_{35} & S_{36} \\ S_{41} & S_{42} & S_{43} & S_{44} & S_{45} & S_{46} \\ S_{51} & S_{52} & S_{53} & S_{54} & S_{55} & S_{56} \\ S_{61} & S_{62} & S_{63} & S_{64} & S_{65} & S_{66} \end{bmatrix} \tag{5.14}$$

$$S_{kl} = S_{lk} \tag{5.15}$$

$$\left.\begin{array}{l} \sum_{k=1}^{6} S_{kl} S_{kl}^* = \sum_{k=1}^{6} |S_{kl}|^2 = 1 \\ \sum_{k=1}^{6} S_{ks} S_{kr}^* = 0, \quad s \neq r \end{array}\right\} \tag{5.16}$$

对于理想的单定向耦合器,各端口都是匹配的,即

$$S_{kk} = 0 \ (k = 1, 2, \cdots, 6) \tag{5.17}$$

根据理想单定向耦合器的传输特性及方程(5.15),得

$$S_{41} = S_{14} = S_{61} = S_{16} = S_{32} = S_{23} = S_{52} = S_{25} = S_{53} = S_{35} = S_{63} = S_{36} = S_{64} = S_{46} = 0 \tag{5.18}$$

故定向耦合装置散射矩阵 S 为

$$S = \begin{bmatrix} 0 & S_{12} & S_{13} & 0 & S_{15} & 0 \\ S_{21} & 0 & 0 & S_{24} & 0 & S_{26} \\ S_{31} & 0 & 0 & S_{34} & 0 & 0 \\ 0 & S_{42} & S_{43} & 0 & S_{45} & 0 \\ S_{51} & 0 & 0 & S_{54} & 0 & S_{56} \\ 0 & S_{62} & 0 & 0 & S_{65} & 0 \end{bmatrix} \tag{5.19}$$

根据5.2.1节中定向耦合装置技术要求:1#、2#直通端口插入损耗≤0.5 dB,则
$$S_{21} = S_{12} \geq 0.944 \tag{5.20}$$

4#端口作为电磁能量的注入端口,应具有较高的注入效率,这就要求耦合度尽可能地大,但过大的耦合度又不能保证1#、2#直通端口的插入损耗≤0.5 dB(即$S_{21} = S_{12} \geq 0.944$),综合考虑,取4#端口的耦合度为10 dB。对于对称或反对称定向耦合器,3#端口与4#端口的耦合度相同,5#端口与6#端口的耦合度相同。

根据本节中讨论分析的结果,为了保证定向耦合装置应用于宽带EMP注入和监测不失真,9 kHz~1 GHz频段采用了反对称定向耦合器的设计方案,由于1~40 GHz频段采用对称或反对称定向耦合器设计方案均可,且设计方法及过程基本相同,因此以反对称定向耦合器为例对其传输特性进行了设计。

图5.8中的两个箭头分别表示的是两个级联的反对称定向耦合器的正向,4#端口为2#端口的正向耦合端,5#端口为1#端口的正向耦合端。因此,令S_{21}为正数,则S_{31}为负数、S_{51}为正数、S_{42}为正数、S_{62}为负数,由3#、4#端口耦合度为10dB,可得
$$S_{31} = -\sqrt{0.1} \tag{5.21}$$

根据式(5.16)可知
$$|S_{11}|^2 + |S_{21}|^2 + |S_{31}|^2 + |S_{41}|^2 + |S_{51}|^2 + |S_{61}|^2 = 1 \tag{5.22}$$

将式(5.17)、式(5.18)、式(5.20)、式(5.21)代入式(5.22)得
$$|S_{51}| \leq 0.094 \tag{5.23}$$

而根据反对称定向耦合器正向耦合端与主通道同相位原则,以及3#端口的能量耦合作用,则
$$S_{51} = \sqrt{(1-0.1)10^{-n/10}} \tag{5.24}$$

式(5.24)中n为5#、6#端口的耦合度,由式(5.23)和式(5.24)得
$$n \geq 20.08 \text{ dB} \tag{5.25}$$

综合考虑定向耦合装置的加工工艺以及使用过程中的方便程度,5#和6#端口的耦合度取20 dB,故
$$S_{51} = \sqrt{(1-0.1) \times 0.01} \tag{5.26}$$
$$S_{21} = \sqrt{(1-0.1)(1-0.01)} \tag{5.27}$$

$$S = \begin{bmatrix} 0 & \sqrt{(1-0.1)(1-0.01)} & -\sqrt{0.1} & 0 & \sqrt{(1-0.1) \times 0.01} & 0 \\ \sqrt{(1-0.1)(1-0.01)} & 0 & 0 & S_{24} & 0 & S_{26} \\ -\sqrt{0.1} & 0 & 0 & S_{34} & 0 & 0 \\ 0 & S_{42} & S_{43} & 0 & S_{45} & 0 \\ \sqrt{(1-0.1) \times 0.01} & 0 & 0 & S_{54} & 0 & S_{56} \\ 0 & S_{62} & 0 & 0 & S_{65} & 0 \end{bmatrix}$$
$$\tag{5.28}$$

根据 $3^\#$、$4^\#$ 端口耦合度为 10 dB，$5^\#$、$6^\#$ 端口耦合度 20 dB，主通道信号与正向耦合端信号同相位，与反向耦合端信号相差 $180°$，可得到

$$S_{42} = \sqrt{(1-0.01) \times 0.1} \tag{5.29}$$

$$S_{62} = -\sqrt{0.01} \tag{5.30}$$

$$S_{34} = \sqrt{1-0.1} \tag{5.31}$$

$$S_{54} = \sqrt{0.1 \times 0.01} \tag{5.32}$$

$$S_{65} = \sqrt{1-0.01} \tag{5.33}$$

将式(5.29)、式(5.30)、式(5.31)、式(5.32)、式(5.33)代入式(5.28)，并考虑 $S_{kl} = S_{lk}$ 得

$$S = \begin{bmatrix} 0 & \sqrt{(1-0.1)(1-0.01)} & -\sqrt{0.1} & 0 & \sqrt{(1-0.1) \times 0.01} & 0 \\ \sqrt{(1-0.1)(1-0.01)} & 0 & 0 & \sqrt{(1-0.01) \times 0.1} & 0 & -\sqrt{0.01} \\ -\sqrt{0.1} & 0 & 0 & \sqrt{1-0.1} & 0 & 0 \\ 0 & \sqrt{(1-0.01) \times 0.1} & \sqrt{1-0.1} & 0 & \sqrt{0.1 \times 0.01} & 0 \\ \sqrt{(1-0.1) \times 0.01} & 0 & 0 & \sqrt{0.1 \times 0.01} & 0 & \sqrt{1-0.01} \\ 0 & -\sqrt{0.01} & 0 & 0 & \sqrt{1-0.01} & 0 \end{bmatrix} \tag{5.34}$$

进一步计算得到 6 端口定向耦合装置散射矩阵 S（并非唯一解）为

$$S = \begin{bmatrix} 0 & 0.944 & -0.316 & 0 & 0.095 & 0 \\ 0.944 & 0 & 0 & 0.315 & 0 & -0.1 \\ -0.316 & 0 & 0 & 0.949 & 0 & 0 \\ 0 & 0.315 & 0.949 & 0 & 0.032 & 0 \\ 0.095 & 0 & 0 & 0.032 & 0 & 0.995 \\ 0 & -0.1 & 0 & 0 & 0.995 & 0 \end{bmatrix} \tag{5.35}$$

经验证，S 满足散射矩阵的对称性及幺正性，即 $S^{\mathrm{T}} = S$，$S^{\mathrm{T}} S^* = 1$。

4. 定向耦合装置散射矩阵分析

(1)由 $S_{21} = S_{12} = 0.944$，可知上述设计的 $1^\#$ 和 $2^\#$ 端口之间主通道插损 IL = 0.5 dB，表明定向耦合装置的引入对受试互联系统工作信号的传输具有较小的影响。

(2)由 $S_{14} = S_{41} = 0$（$4^\#$ 为注入端口），可知通过 $4^\#$ 端口注入的电磁能量不会直接耦合到 $1^\#$ 端口连接的设备 A，即电磁能量只能够单方向朝 $2^\#$ 端口连接的受试设备 B 进行差模定向注入。

(3)由 $S_{24} = S_{42} = 0.315$，可知通过 $4^\#$ 端口单方向朝 $2^\#$ 端口注入的电磁能量幅度将衰减 10.034 dB，相位没有发生改变。

(4)由 $S_{51} = S_{15} = 0.095$（$5^\#$ 为监测端口），可知 $5^\#$ 端口监测到的信号与主通道传输信号（$1^\#$ 传向 $2^\#$ 端口）相位相同，幅度衰减为 20.446 dB。

（5）由 $S_{52} = S_{25} = 0$，可知 5# 端口监测到的信号只是主通道中传向受试设备 B 的前向信号，而没有反向信号。

（6）由 $S_{54} = S_{45} = 0.032$，可知通过 5# 端口可以监测通过 4# 端口注入的前向信号，信号幅度衰减 29.897 dB，相位不变。

5.3　单端差模定向注入试验技术

5.3.1　SDDI 方法的适用范围及条件

由于定向耦合装置具有差模干扰信号定向注入的特性，因此单端差模定向注入试验方法（Single Differential Mode Directional Injection, SDDI）主要应用于对互联系统中某一端的受试设备进行与强场辐射等效的差模注入试验研究，该方法的典型应用对象是天线收发系统的射频前端，其试验配置如图 5.13 所示。

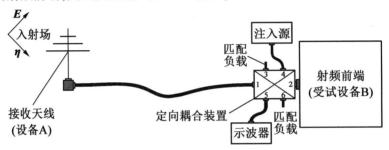

图 5.13　单端差模定向注入试验方法应用于天线收发系统试验配置

该方法可以模拟在天线收发系统正常工作时，通过天线前门耦合进来的干扰信号对受试射频前端设备造成的影响，而传统的大电流注入法（BCI）、直接电流注入法（DCI）以及长线注入法等均无法开展相应的效应试验研究。

此外，当单端差模定向注入试验方法（SDDI）应用于两端均为设备的互联系统时，从注入与辐射试验方法严格等效的意义上来说，则要求设备 A 的阻抗不随互联线缆中传输信号的功率变化而改变，即要求反射系数 Γ_A 为定值。一般来说，接收设备远比发射设备对电磁辐射敏感，工程上主要对接收设备进行效应试验，因此设备 A 作为发射设备，通常能够保证其阻抗在不同传输信号功率下基本为定值。

5.3.2　定向耦合装置引入后的等效条件分析

为分析定向耦合装置引入互联系统后是否满足 5.1.3 节中提出的注入与强场辐射效应试验等效的两个条件，将定向耦合装置等效为已知 S 参数的 6 端口黑箱网络，则互联系统的等效电路分析模型如图 5.14 所示，S 网络代表 6 端口定向耦合装置，Z_3 和 Z_6 为匹配负载，Z_5 为监测端口连接示波器或频谱分析仪的输入阻抗，Z_4 为注入激励源内阻，U_{SI} 为注入激励源开路电压。这里需要说明的是：虽然高频时不存在电压的概念，但是为了推导方便,同时借鉴国内外专著中的处理方法,仍然采用了电压的表述方式,这里的电压指的是"广义电压"的概念。

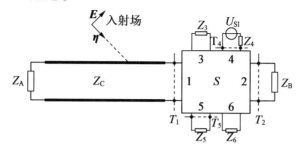

图5.14 互联系统连接定向耦合装置的等效电路模型

由于辐射效应试验时,受试设备 B 输入端口引入的差模干扰主要来源于互联设备 A 以及线缆对电磁辐射场的耦合。因此,应用微波工程中的等效电源波理论,可以将辐射效应试验时参考面 T_1(1$^\#$端口)左侧的部分等效为电源波 $\hat{a}_{1R}$ 和反射系数 $\varGamma_1$(从路的观点等效为电压源 U_{SR} 和源阻抗 Z_1)。

同理,在注入试验时,参考面 T_4(4$^\#$端口)向注入源端看过去的部分可以等效为电源波 $\hat{a}_{4I}$ 和反射系数 $\varGamma_4$(从路的观点等效为电压源 U_{SI} 和源阻抗 Z_4)。因此,在辐射和注入试验条件下,受试互联系统可以等效简化为如图5.15所示的等效电路模型,从图中可以看出:辐射和注入试验条件下无源等效电路模型是相同的,区别在于等效激励源位于定向耦合网络的不同端口。

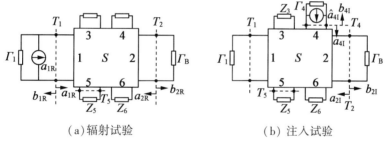

（a）辐射试验   （b）注入试验

图5.15 采用等效电源波理论简化后的受试互联系统等效电路模型

根据微波工程中的等效电源波理论,可以分别得到辐射和注入试验条件下等效电源波和等效电压源之间的函数关系:

$$\hat{a}_{1R} = \frac{U_{SR}}{2\sqrt{Z_C}}(1-\varGamma_1) \tag{5.36}$$

$$\hat{a}_{4I} = \frac{U_{SI}}{2\sqrt{Z_C}}(1-\varGamma_4) = \frac{U_{SI}}{2\sqrt{Z_C}} \tag{5.37}$$

由于本方法关注的是辐射和注入试验条件下受试设备 B 输入端口处的响应是否相同,因此采用微波工程中的等效电源波定理,将图5.15中参考面 T_2 左侧的电路进一步等效简化,如图5.16所示。令辐射和注入试验条件下,从参考面 T_2 向左侧看过去的等效电

源波分别为 $\hat{b}_{2R}$ 和 $\hat{b}_{2I}$，反射系数分别为 Γ_{2R}' 和 Γ_{2I}'。

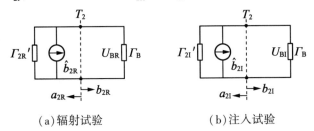

（a）辐射试验　　　　　　　　　（b）注入试验

图 5.16　将参考面 T_2 左侧等效简化后的受试设备响应电路模型

根据等效电源波定理，计算得到辐射和注入试验条件下 $\hat{b}_{2R}$、$\hat{b}_{2I}$、Γ_{2R}' 和 Γ_{2I}' 分别为

$$\hat{b}_{2R} = \sum_n \frac{D_{(2Sk)}}{D_{(22)}}\hat{a}_k = \frac{D_{(2S1)}}{D_{(22)}}\hat{a}_{1R} = S_{21}\hat{a}_{1R} \tag{5.38}$$

$$\hat{b}_{2I} = \sum_n \frac{D_{(2Sk)}}{D_{(22)}}\hat{a}_k = \frac{D_{(2S4)}}{D_{(22)}}\hat{a}_{4I} = S_{24}\hat{a}_{4I} \tag{5.39}$$

$$\Gamma_{2R}' = \Gamma_{2I}' = \frac{D_{(2S2)}}{D_{(22)}} = S_{21}^2\Gamma_1 = S_{21}^2\Gamma_A e^{-2\gamma l} \tag{5.40}$$

可以看出：将定向耦合装置引入互联系统后，在辐射和注入试验条件下，T_2 参考面向左看过去的反射系数相同，即两种试验条件下等效激励源的输出阻抗相同，因此，满足注入与辐射效应试验等效的条件二。

根据图 5.16 所示的等效电路，结合计算得到的 $\hat{b}_{2R}$、$\hat{b}_{2I}$、Γ_{2R}'、Γ_{2I}' 表达式，得出辐射和注入试验条件下受试设备 B 的端口响应 U_{BR} 和 U_{BI} 分别为

$$U_{BR} = \frac{\hat{b}_{2R}\sqrt{Z_C}}{1-\Gamma_{2R}'\Gamma_B}(1+\Gamma_B) \tag{5.41}$$

$$U_{BI} = \frac{\hat{b}_{2I}\sqrt{Z_C}}{1-\Gamma_{2I}'\Gamma_B}(1+\Gamma_B) \tag{5.42}$$

根据辐射和注入试验等效的依据，即两种试验方法对受试设备的响应相同 $U_{BI}=U_{BR}$，可以得到辐射和注入试验条件下的等效电压源 U_{SR} 和 U_{SI} 之间的关系为

$$U_{SI} = S_{21}S_{24}^{-1}(1-\Gamma_1)U_{SR} = S_{21}S_{24}^{-1}(1-\Gamma_A e^{-2\gamma l})U_{SR} \tag{5.43}$$

由于定向耦合装置的 S 参数对于工作频段范围内的单频点为定值，且单端差模定向注入试验方法的适用范围是互联设备 A 的反射系数 Γ_A 为定值。因此，式（5.43）中辐射和注入试验条件下的等效电压源 U_{SR} 和 U_{SI} 之间为线性变化关系。

5.3.3　监测端响应相等作为等效依据的可行性分析

上一节从理论上推导了等效注入电压与辐射场强之间的对应关系，但作为单端差模定向注入试验方法的实现技术，实际工程中更为可行的方法是通过预先试验来获取上述对应关系。然而，在绝大多数情况下直接监测受试设备 B 的端口响应存在较大的难度。

为此,需要探索其他工程上便于监测的响应信号作为两种试验方法等效的依据,定向耦合装置的引入从工程上解决了这一问题。

定向耦合装置 5# 端口监测的是互联传输线上的前向电压(功率),即设备 B 端口的入射波信号,工程上将采用 5# 监测端口输出响应电压(功率)相同作为注入法与辐射法等效的依据,进而获取等效注入电压与辐射场强之间的对应关系。下面来证明:若辐射和注入试验条件下监测端口输出响应电压(功率)相同,则可以保证两种试验条件下受试设备 B 的响应一致,以此来说明该等效依据选取的正确性。

根据图 5.15 所示的等效电路模型,采用等效电源波定理,可以得到辐射和注入试验条件下,从参考面 T_5 向负载端看去的等效电源波 $\hat{b}_{5R}$ 和 $\hat{b}_{5I}$ 分别为

$$\hat{b}_{5R} = \frac{D_{(5S1)}}{D_{(55)}} \hat{a}_{1R} = \frac{S_{51}}{1 - S_{21}^2 \Gamma_1 \Gamma_B} \hat{a}_{1R} \tag{5.44}$$

$$\hat{b}_{5I} = \frac{D_{(5S4)}}{D_{(55)}} \hat{a}_{4I} = \frac{S_{54} + S_{21}(S_{51}S_{24} - S_{54}S_{21})\Gamma_1 \Gamma_B}{1 - S_{21}^2 \Gamma_1 \Gamma_B} \hat{a}_{4I} \tag{5.45}$$

在辐射和注入试验条件下,监测端响应电压 U_{MR} 和 U_{MI} 分别为

$$U_{MR} = \sqrt{Z_C} \hat{b}_{5R} = \frac{S_{51}(1 - \Gamma_1) U_{SR}}{2(1 - S_{21}^2 \Gamma_1 \Gamma_B)} \tag{5.46}$$

$$U_{MI} = \sqrt{Z_C} \hat{b}_{5I} = \frac{S_{54} U_{SI}}{2(1 - S_{21}^2 \Gamma_1 \Gamma_B)} \tag{5.47}$$

若辐射和注入试验条件下监测端口响应电压相同,即 $U_{MR} = U_{MI}$,则可以得到 U_{SI} 和 U_{SR} 之间的对应关系为

$$U_{SI} = S_{51}S_{54}^{-1}(1 - \Gamma_1) U_{SR} = S_{21}S_{24}^{-1}(1 - \Gamma_1) U_{SR} \tag{5.48}$$

通过比较可以看出:式(5.48)和式(5.43)完全相同,说明令定向耦合装置监测端输出响应相等和令互联受试设备输入端响应相等,通过理论推导得出了相同的表达式。因此,将定向耦合装置的监测端输出响应电压(功率)相等作为等效依据,同样可以保证注入与辐射效应试验方法的等效性。

5.3.4　SDDI 等效替代强场电磁辐射效应试验方法

SDDI 等效替代强场电磁辐射效应试验方法基本步骤如下:

(1)开展互联系统低场强预先辐射效应试验。

按图 5.13 所示的配置方式,将定向耦合装置与受试互联系统进行连接,选择合适的辐射电场强度 E,在保证受试互联系统响应处于线性区的条件下,对互联系统进行低场强预先辐射效应试验,监测定向耦合装置 5# 端口的输出响应幅值 U_{MR}。

(2)获取注入电压与辐射场强之间的等效对应关系。

通过定向耦合装置的 4# 端口对受试设备 B 进行差模定向注入试验,监测 5# 端口的输出响应幅值 U_{MI},当 $U_{MI} = U_{MR}$ 时,记录此时的注入电压幅值 U_{SI},得到等效注入电压与辐射场强之间的对应关系(传递函数)$k = U_{SI}/E$。

（3）完成 SDDI 等效替代 HIRF 电磁辐射效应试验。

若受试系统最终试验考核的 HIRF 电场强度为 E'，计算此时的等效注入电压幅值为 $U_{SI}' = k \cdot E'$，通过定向耦合装置 4# 端口，对受试设备 B 开展单端差模定向注入（SDDI）试验，等效替代目前实验室条件下无法模拟的高场强 E' 辐射效应试验。

5.4　双端差模定向注入试验技术

5.4.1　DDDI 方法的适用范围及条件

为了能够模拟辐射试验条件下电磁能量沿着互联线缆同时传导进入两端受试设备的物理过程，考虑到定向耦合装置电磁能量定向注入的特性，本节讨论利用两个定向耦合装置同时分别向互联设备 A 和 B 定向注入电磁能量的试验方法，即双端差模定向注入试验方法（Double Differential Mode Directional Injection，DDDI）。

DDDI 方法的适用范围：受试系统中互联线缆是电磁辐射的能量耦合通道，该方法能够对线缆两端连接的受试设备同时进行与辐射等效的注入试验研究。此外，该方法还可应用于对同一受试设备的多个天线、线缆耦合通道进行与辐射等效的注入试验研究。由于后一种应用只是对 SDDI 试验方法的拓展，因此本节主要针对 DDDI 方法的第一种应用方式进行理论建模及实现技术研究，其典型试验配置如图 5.17 所示。

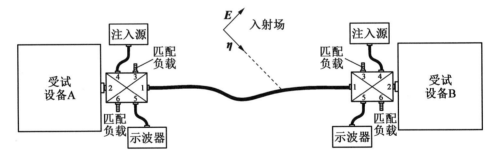

图 5.17　双端差模定向注入试验配置示意图

根据图 5.17 所示的试验配置，在互联线缆两端设备 A、B 的输入端口处各连接一个定向耦合装置，用以同时向设备 A、B 注入差模干扰信号。通常情况下设备 A、B 的端口并非完全匹配的，因此在双端差模定向注入的试验条件下，受试设备 A、B 的端口响应是左右两侧注入源 U_{SLI} 和 U_{SRI} 共同作用的结果，因此为保证 DDDI 和辐射试验条件下受试设备 A、B 的端口响应完全相同，两侧注入源 U_{SLI} 和 U_{SRI} 的输出应满足特定的幅值和相位关系。

5.4.2　DDDI 与辐射试验等效的理论分析

双端差模定向注入试验条件下的等效电路分析模型如图 5.18 所示，将左右两侧的定向耦合装置分别等效为已知 S 参数的 6 端口网络模型 S_L 和 S_R，对应的左右两侧等效注入电压源分别为 U_{SLI} 和 U_{SRI}。本节出现的带有 3 个字母的下标符号中，第一个字母代表属性，即 S 代表激励源，阿拉伯数字代表定向耦合装置端口，A、B 代表两侧的设备。第二个字母代表左侧或右侧，即 L 代表左侧激励源或响应，R 代表右侧激励源或响应；第三个字母代表注入或辐射试验，即 I 代表注入试验、R 代表辐射试验。

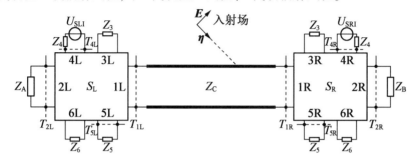

图 5.18 双端差模定向注入试验条件下的等效电路分析模型

等效性理论分析的思路是：根据图 5.18 所示的等效电路分析模型，分别计算受试设备 A、B 在辐射试验条件下的响应 U_{AR}、U_{BR} 和注入试验条件下的响应 U_{AI}、U_{BI}，设备 A、B 注入响应的计算可采用叠加原理，即分别计算单一注入电压源作用下设备 A、B 的响应后再求和。令辐射和注入试验条件下设备 A、B 的响应相同，即 $U_{AR}=U_{AI}$、$U_{BR}=U_{BI}$，可以得到两侧等效注入电压源 U_{SLI}、U_{SRI} 与辐射场强之间的对应关系，进而分析 U_{SLI} 和 U_{SRI} 应满足的幅值和相位关系以及工程上的提取方法。

1. 辐射试验条件下受试设备端口响应

为简化理论分析推导过程，假设双端差模定向注入试验方法使用了两个相同的定向耦合装置，即图 5.18 所示的等效电路模型中左右两侧定向耦合装置具有相同的 S 参数。在辐射试验条件下，根据 BLT 方程可以计算得到图 5.18 中互联线缆左右两侧 1L# 和 1R# 端口的辐射响应 U_{1LR} 和 U_{1RR} 分别为

$$U_{1LR}=\frac{(1+\Gamma_{1L}')(\Gamma_{1R}'\mathrm{e}^{-2\gamma l}S_1+\mathrm{e}^{-\gamma l}S_2)}{1-\Gamma_{1L}'\Gamma_{1R}'\mathrm{e}^{-2\gamma l}} \tag{5.49}$$

$$U_{1RR}=\frac{(1+\Gamma_{1R}')(\mathrm{e}^{-\gamma l}S_1+\Gamma_{1L}'\mathrm{e}^{-2\gamma l}S_2)}{1-\Gamma_{1L}'\Gamma_{1R}'\mathrm{e}^{-2\gamma l}} \tag{5.50}$$

进一步分析设备 A 在辐射试验条件下的响应，其等效电路模型如图 5.19 所示。

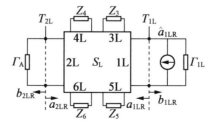

图 5.19 参考面 T_{1L} 右侧等效简化后的设备 A 辐射响应电路模型

理论推导得到设备 A 在辐射试验条件下的响应 U_{AR} 为

$$U_{\text{AR}}=\frac{S_{21}\left(S_{12}^{2}\varGamma_{\text{B}}\text{e}^{-2\gamma l}S_{1}+\text{e}^{-\gamma l}S_{2}\right)}{1-S_{12}^{4}\varGamma_{\text{A}}\varGamma_{\text{B}}\text{e}^{-2\gamma l}}\left(1+\varGamma_{\text{A}}\right) \tag{5.51}$$

同理,设备 B 在辐射试验条件下的响应 U_{BR} 为

$$U_{\text{BR}}=\frac{S_{21}\left(\text{e}^{-\gamma l}S_{1}+S_{12}^{2}\varGamma_{\text{A}}\text{e}^{-2\gamma l}S_{2}\right)}{1-S_{12}^{4}\varGamma_{\text{A}}\varGamma_{\text{B}}\text{e}^{-2\gamma l}}\left(1+\varGamma_{\text{B}}\right) \tag{5.52}$$

2. DDDI 试验条件下受试设备端口响应

在左侧注入源 U_{SLI} 单独作用条件下,令设备 A 的响应为 U_{ALI},设备 B 的响应为 U_{BLI},分析设备 A、B 在 U_{SLI} 单独作用下注入响应的等效电路模型如图 5.20 所示。

$$U_{\text{ALI}}=\frac{\sqrt{Z_{\text{C}}}\,\hat{b}_{2\text{LI}}}{1-\varGamma_{2\text{L}}{}'\varGamma_{\text{A}}}\left(1+\varGamma_{\text{A}}\right)=\frac{U_{\text{SLI}}S_{24}\left(1+\varGamma_{\text{A}}\right)}{2\left(1-S_{12}^{4}\varGamma_{\text{A}}\varGamma_{\text{B}}\text{e}^{-2\gamma l}\right)} \tag{5.53}$$

$$U_{\text{BLI}}=\frac{\sqrt{Z_{\text{C}}}\,\hat{b}_{2\text{RI}}}{1-\varGamma_{2\text{R}}{}'\varGamma_{\text{B}}}\left(1+\varGamma_{\text{B}}\right)=\frac{U_{\text{SLI}}S_{24}S_{12}^{2}\varGamma_{\text{A}}\text{e}^{-\gamma l}\left(1+\varGamma_{\text{B}}\right)}{2\left(1-S_{12}^{4}\varGamma_{\text{A}}\varGamma_{\text{B}}\text{e}^{-2\gamma l}\right)} \tag{5.54}$$

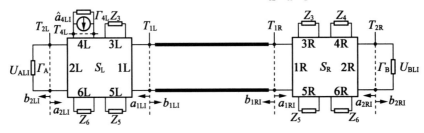

图 5.20　设备 A、B 在 U_{SLI} 单独作用下注入响应的等效电路模型

同理,在 U_{SRI} 单独作用条件下,令设备 A、B 的注入响应分别为 U_{ARI} 和 U_{BRI},则

$$U_{\text{ARI}}=\frac{U_{\text{SRI}}S_{24}S_{12}^{2}\varGamma_{\text{B}}\text{e}^{-\gamma l}\left(1+\varGamma_{\text{A}}\right)}{2\left(1-S_{12}^{4}\varGamma_{\text{A}}\varGamma_{\text{B}}\text{e}^{-2\gamma l}\right)} \tag{5.55}$$

$$U_{\text{BRI}}=\frac{U_{\text{SRI}}S_{24}\left(1+\varGamma_{\text{B}}\right)}{2\left(1-S_{12}^{4}\varGamma_{\text{A}}\varGamma_{\text{B}}\text{e}^{-2\gamma l}\right)} \tag{5.56}$$

$$U_{\text{AI}}=U_{\text{ALI}}+U_{\text{ARI}} \tag{5.57}$$

$$U_{\text{AI}}=\frac{\left(U_{\text{SLI}}+U_{\text{SRI}}S_{12}^{2}\varGamma_{\text{B}}\text{e}^{-\gamma l}\right)S_{24}}{2\left(1-S_{12}^{4}\varGamma_{\text{A}}\varGamma_{\text{B}}\text{e}^{-2\gamma l}\right)}\left(1+\varGamma_{\text{A}}\right) \tag{5.58}$$

$$U_{\text{BI}}=U_{\text{BLI}}+U_{\text{BRI}} \tag{5.59}$$

$$U_{\text{BI}}=\frac{\left(U_{\text{SLI}}S_{12}^{2}\varGamma_{\text{A}}\text{e}^{-\gamma l}+U_{\text{SRI}}\right)S_{24}}{2\left(1-S_{12}^{4}\varGamma_{\text{A}}\varGamma_{\text{B}}\text{e}^{-2\gamma l}\right)}\left(1+\varGamma_{\text{B}}\right) \tag{5.60}$$

3. 双端注入源与辐射场强之间的等效关系

令辐射和 DDDI 试验条件下设备 A、B 的端口响应相等,即 $U_{\text{AR}}=U_{\text{AI}}$、$U_{\text{BR}}=U_{\text{BI}}$,则得到如下方程组:

$$\left.\begin{array}{l}(U_{\mathrm{SLI}}+U_{\mathrm{SRI}}S_{12}^2\varGamma_{\mathrm{B}}\mathrm{e}^{-\gamma l})S_{24}=2S_{21}(S_{12}^2\varGamma_{\mathrm{B}}\mathrm{e}^{-2\gamma l}S_1+\mathrm{e}^{-\gamma l}S_2)\\[2mm](U_{\mathrm{SLI}}S_{12}^2\varGamma_{\mathrm{A}}\mathrm{e}^{-\gamma l}+U_{\mathrm{SRI}})S_{24}=2S_{21}(\mathrm{e}^{-\gamma l}S_1+S_{12}^2\varGamma_{\mathrm{A}}\mathrm{e}^{-2\gamma l}S_2)\end{array}\right\} \tag{5.61}$$

解方程组得

$$U_{\mathrm{SLI}}=2S_{21}S_{24}^{-1}S_2\mathrm{e}^{-rl} \tag{5.62}$$

$$U_{\mathrm{SRI}}=2S_{21}S_{24}^{-1}S_1\mathrm{e}^{-rl} \tag{5.63}$$

至此,我们从理论上推导得出了在保证设备 A、B 辐射和注入响应完全相等的前提下,双端注入源 U_{SLI}、U_{SRI} 与 BLT 方程中的源参量 S_1、S_2(源参量通过对辐射场求解得出)之间应满足的对应关系。由式(5.61)、式(5.63)可以得出如下结论。

第一,左右两侧等效注入电压源的幅值(相位)与定向耦合装置的 S 参数、互联传输线的长度 l 以及由辐射场求解得到的源参量 S_1、S_2 密切相关,而与互联设备 A、B 的反射数 $\varGamma_{\mathrm{A}}$、$\varGamma_{\mathrm{B}}$ 无关,选择合适的注入电压源幅值和相位关系,即能够实现对互联系统两端设备 A、B 同时进行与辐射等效的双端差模定向注入试验研究。

第二,由于 BLT 方程中的源参量 S_1、S_2 与辐射场强为线性变化关系,而定向耦合装置的 S 参数在固定频率下为定值,因此左右两侧的等效注入电压源与辐射场强为线性变化关系,替代强场辐射试验的等效注入电压源可以采用线性外推得到。

5.4.3　双端差模定向注入试验方法的实现技术

前面从理论上分析了双端差模定向注入技术的可行性,推导了双端注入电压源 U_{SLI}、U_{SRI} 与 BLT 方程中源参量 S_1、S_2 之间的等效对应关系,但在实际工程应用过程中,通过理论计算求解 S_1、S_2 来获取双端注入电压源不具有可行性,因此应探索更易于工程实现的注入电压源 U_{SLI}、U_{SRI} 幅值和相位提取方法。定向耦合装置的引入从工程上解决了这一问题,双端注入电压源的幅值和相位关系可借助两侧定向耦合装置 5L# 和 5R# 监测端口的响应来确定,下面我们讨论两种实现方法。

1. 终端匹配负载法提取双端注入电压源

在辐射试验条件下,采用等效电源波定理分析 5L# 监测端口的输出响应,其等效电路分析模型如图 5.21 所示。

参考面 $T_{5\mathrm{L}}$ 向负载端 Z_5 的等效电源波 $\hat{b}_{5\mathrm{LR}}$ 为

$$\hat{b}_{5\mathrm{LR}}=\frac{S_{51}}{1-S_{12}^2\varGamma_{\mathrm{A}}\varGamma_{1\mathrm{L}}}\hat{a}_{1\mathrm{LR}} \tag{5.64}$$

$$U_{5\mathrm{LR}}=\sqrt{Z_{\mathrm{C}}}\hat{b}_{5\mathrm{LR}}=\frac{\sqrt{Z_{\mathrm{C}}}S_{51}}{1-S_{12}^2\varGamma_{\mathrm{A}}\varGamma_{1\mathrm{L}}}\hat{a}_{1\mathrm{LR}} \tag{5.65}$$

$$U_{5\mathrm{LR}}=\frac{S_{51}(S_{12}^2\varGamma_{\mathrm{B}}\mathrm{e}^{-2\gamma l}S_1+\mathrm{e}^{-\gamma l}S_2)}{1-S_{12}^4\varGamma_{\mathrm{A}}\varGamma_{\mathrm{B}}\mathrm{e}^{-2\gamma l}} \tag{5.66}$$

$$U_{5\mathrm{RR}}=\frac{S_{51}(\mathrm{e}^{-\gamma l}S_1+S_{12}^2\varGamma_{\mathrm{A}}\mathrm{e}^{-2\gamma l}S_2)}{1-S_{12}^4\varGamma_{\mathrm{A}}\varGamma_{\mathrm{B}}\mathrm{e}^{-2\gamma l}} \tag{5.67}$$

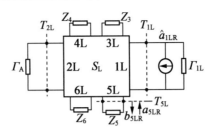

图 5.21　辐射试验条件下分析 5L# 监测端口输出响应的等效电路模型

由式(5.62)、式(5.63)可知:两侧等效注入电压源 U_{SLI}、U_{SRI} 的选取与互联设备 A、B 的反射数 Γ_A、Γ_B 无关。为此,令 $\Gamma_A = \Gamma_B = 0$,即当互联线缆两端连接匹配负载时,两侧定向耦合装置 5L# 和 5R# 监测端口的输出响应 U_{5LR}、U_{5RR} 可简化为

$$U_{5LR} = S_{51} S_2 e^{-\gamma l} \tag{5.68}$$

$$U_{5RR} = S_{51} S_1 e^{-\gamma l} \tag{5.69}$$

式(5.68)、式(5.69)与式(5.62)、式(5.63)联立得

$$U_{SLI} = 2 S_{54}^{-1} U_{5LR} \tag{5.70}$$

$$U_{SRI} = 2 S_{54}^{-1} U_{5RR} \tag{5.71}$$

通过上面的分析可知:由于等效注入电压源 U_{SLI}、U_{SRI} 的选取与互联设备 A、B 的反射数 Γ_A、Γ_B 无关,采用将互联设备 A、B 用匹配负载替换的方式,可以得到等效注入电压源 U_{SLI}、U_{SRI} 与监测端口输出响应 U_{5LR}、U_{5RR} 之间的函数关系。对于连续波效应试验而言,等效注入电压源 U_{SLI} 和 U_{SRI} 之间的相位差取决于 U_{5LR} 和 U_{5RR} 之间的相位差,由于连续波信号的相位是随时间周期变化的,因此双端差模定向注入试验中只需保持 U_{SLI} 和 U_{SRI} 之间的相位差与 U_{5LR} 和 U_{5RR} 之间的相位差相同,就能够保证 DDDI 与辐射试验方法的等效性,而不必刻意追求初相位完全相同。

2. 监测端响应相等法提取双端注入电压源

采用终端匹配负载法可以直接提取双端注入电压源 U_{SLI} 和 U_{SRI} 之间的幅值和相位关系,但对于一些互联系统而言,由于受客观条件的限制,无法将互联线缆两端的受试设备采用匹配负载来替换。因此,必须探索其他的提取方法,研究发现可以采用以辐射和 DDDI 试验条件下两侧定向耦合装置监测端口的输出响应相等作为等效依据,提取双端注入电压源的幅值和相位关系,下面从理论上推导这种提取方法的正确性。

分析 U_{SLI} 单独作用下 5L# 和 5R# 监测端口输出响应的等效电路模型,如图 5.22 所示。

$$\hat{b}_{5LI} = \frac{S_{54} \hat{a}_{4LI}}{1 - S_{12}^4 \Gamma_A \Gamma_B e^{-2\gamma l}} = \frac{S_{54} U_{SLI}}{2\sqrt{Z_C}(1 - S_{12}^4 \Gamma_A \Gamma_B e^{-2\gamma l})} \tag{5.72}$$

$$U_{5LI}{}' = \sqrt{Z_C} \hat{b}_{5LI} = \frac{S_{54} U_{SLI}}{2(1 - S_{12}^4 \Gamma_A \Gamma_B e^{-2\gamma l})} \tag{5.73}$$

$$\hat{b}_{5RI} = \frac{S_{51}}{1 - S_{12}^4 \Gamma_A \Gamma_B e^{-2\gamma l}} \hat{b}_{1LI} e^{-\gamma l} = \frac{S_{24} S_{12} S_{51} \Gamma_A e^{-\gamma l} U_{SLI}}{2\sqrt{Z_C}(1 - S_{12}^4 \Gamma_A \Gamma_B e^{-2\gamma l})} \tag{5.74}$$

$$U_{5RI}{}' = \sqrt{Z_C}\,\hat{b}_{5RI} = \frac{S_{24}S_{12}S_{51}\Gamma_A e^{-\gamma l}U_{SLI}}{2(1-S_{12}^4\Gamma_A\Gamma_B e^{-2\gamma l})} \tag{5.75}$$

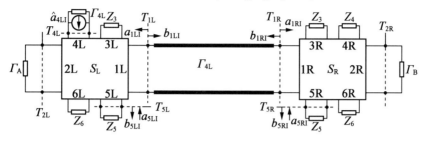

图 5.22　U_{SLI} 单独作用下 5L# 和 5R# 监测端口输出响应的等效电路模型

在右侧注入电压源 U_{SRI} 单独作用下,令左侧定向耦合装置 5L# 监测端口的输出响应为 $U_{5LI}{}''$,右侧定向耦合装置 5R# 监测端口的输出响应为 $U_{5RI}{}''$,同理可得

$$U_{5LI}{}'' = \frac{S_{24}S_{12}S_{51}\Gamma_B e^{-\gamma l}U_{SRI}}{2(1-S_{12}^4\Gamma_A\Gamma_B e^{-2\gamma l})} \tag{5.76}$$

$$U_{5RI}{}'' = \frac{S_{54}U_{SRI}}{2(1-S_{12}^4\Gamma_A\Gamma_B e^{-2\gamma l})} \tag{5.77}$$

根据叠加原理,在左右两侧注入电压源 U_{SLI} 和 U_{SRI} 的共同作用下,左侧定向耦合装置 5L# 监测端口的输出响应 U_{5LI} 和右侧 5R# 监测端口的输出响应 U_{5RI} 分别为

$$U_{5LI} = U_{5LI}{}' + U_{5LI}{}'' \tag{5.78}$$

$$U_{5LI} = \frac{S_{54}U_{SLI} + S_{54}S_{12}^2\Gamma_B e^{-\gamma l}U_{SRI}}{2(1-S_{12}^4\Gamma_A\Gamma_B e^{-2\gamma l})} \tag{5.79}$$

$$U_{5RI} = U_{5RI}{}' + U_{5RI}{}'' \tag{5.80}$$

$$U_{5RI} = \frac{S_{54}S_{12}^2\Gamma_A e^{-\gamma l}U_{SLI} + S_{54}U_{SRI}}{2(1-S_{12}^4\Gamma_A\Gamma_B e^{-2\gamma l})} \tag{5.81}$$

将上述方程联立,令辐射和 DDDI 试验条件下,定向耦合装置 5L# 和 5R# 监测端口的输出响应完全相同,即 $U_{5LI} = U_{5LR}$,$U_{5RI} = U_{5RR}$,则得到

$$U_{SLI} = 2S_{21}S_{24}{}^{-1}S_2 e^{-rl} \tag{5.82}$$

$$U_{SRI} = 2S_{21}S_{24}{}^{-1}S_1 e^{-rl} \tag{5.83}$$

式(5.82)、式(5.83)与式(5.62)、式(5.63)完全相同,说明若能够保证辐射和双端差模定向注入试验条件下定向耦合装置 5L# 和 5R# 监测端口的输出响应完全相同(含幅值和相位),则互联线缆两端受试设备的响应也完全相同,即双端差模定向注入试验方法与辐射试验方法是等效的。这种借助定向耦合装置监测端口输出响应相等来获取双端注入电压源的方法,不需要改变线缆两端的受试设备,具有普适性,但缺点是在获取注入电压源与辐射场强之间对应关系的预先试验过程中,需要对双端注入电压源的幅值关系和相位差进行多次调整,试验步骤相对烦琐。

5.4.4 DDDI 等效替代强场电磁辐射效应试验方法

通过对 DDDI 进行理论分析及实现技术的研究,根据等效注入电压源提取方法的不同,本节提出了两种 DDDI 等效替代强场电磁辐射效应试验方法。

1. 试验方法一(基于终端匹配负载法)

(1)开展匹配互联系统低场强预先辐射试验。

将受试互联系统两端的设备与互联线缆断开,互联线缆两端分别通过定向耦合装置连接匹配负载。选择合适的辐射电场强度 E,在保证互联系统响应处于线性区的条件下,对匹配互联系统进行低场强预先辐射试验,得到两侧定向耦合装置的 5L# 和 5R# 监测端口的输出响应幅值 U_{5LR}、U_{5RR} 和相位 φ_{5LR}、φ_{5RR}。

(2)获取两侧注入电压与辐射场强之间的等效对应关系。

设置左右两侧注入电压源的相位差为 $\varphi_\Delta = \varphi_{5LR} - \varphi_{5RR}$,分别通过两侧定向耦合装置的 4L# 和 4R# 注入端口对匹配互联系统进行差模定向注入试验,得到注入试验条件下定向耦合装置 5L# 和 5R# 监测端口的输出响应幅值 U_{5LI} 和 U_{5RI},当 $U_{5LI} = U_{5LR}$、$U_{5RI} = U_{5RR}$ 时,记录两侧注入电压源的幅值 U_{SLI} 和 U_{SRI},并计算两侧注入电压源与辐射场强之间的等效对应关系(传递函数)$k_L = U_{SLI}/E$,$k_R = U_{SRI}/E$。

(3)完成 DDDI 等效替代 HIRF 电磁辐射效应试验。

将互联线缆与匹配负载断开,按图 5.17 所示的双端差模定向注入(DDDI)试验配置,将互联线缆通过定向耦合装置与实际受试设备 A、B 进行连接。若受试互联系统最终试验考核的 HIRF 电场强度为 E',计算此时左右两侧等效注入电压源的幅值分别为 $U_{SLI}' = k_L \cdot E'$ 和 $U_{SRI}' = k_R \cdot E'$,并保持相位差 $\varphi_\Delta = \varphi_{5LR} - \varphi_{5RR}$ 不变。通过两侧定向耦合装置 4L# 和 4R# 端口,分别对受试互联系统进行双端差模定向注入(DDDI)试验,等效替代目前实验室条件下无法模拟的高场强 E' 辐射效应试验。

2. 试验方法二(基于监测端响应相等法)

(1)开展互联系统低场强预先辐射效应试验。

按图 5.17 所示的双端差模定向注入(DDDI)试验配置,将两个定向耦合装置与受试互联系统进行连接,选择合适的辐射电场强度 E,在保证受试互联系统响应处于线性区的条件下,对其进行低场强预先辐射效应试验,得到两侧定向耦合装置 5L# 和 5R# 监测端口输出响应的幅值 U_{5LR}、U_{5RR} 和相位 φ_{5LR}、φ_{5RR}。

(2)获取两侧注入电压与辐射场强之间的等效对应关系。

① 利用左侧注入电压源通过定向耦合装置 4L# 端口对受试互联系统进行注入试验,监测 5L# 端口的输出响应,当 $U_{5LI} = U_{5LR}$、$\varphi_{5LI} = \varphi_{5LR}$ 时,保持左侧注入电压源的幅值和相位不变;② 利用右侧注入电压源通过定向耦合装置 4R# 端口对受试互联系统进行注入试验,监测 5R# 端口的输出响应,当 $U_{5RI} = U_{5RR}$、$\varphi_{5RI} = \varphi_{5RR}$ 时,保持右侧注入电压源的幅值和相位不变;③ 重复上述步骤 ① 和 ② ,对两侧注入电压源的幅值和相位再次进行调整,直至满足 $U_{5LI} = U_{5LR}$、$U_{5RI} = U_{5RR}$ 且 $\varphi_{5LI} = \varphi_{5LR}$、$\varphi_{5RI} = \varphi_{5RR}$;④ 记录两侧注入电压源的幅值

U_{SLI}、U_{SRI} 和相位 φ_{SLI}、φ_{SRI}，并计算两侧注入电压源与辐射场强之间的等效对应关系(传递函数)$k_{\mathrm{L}} = U_{\mathrm{SLI}}/E$，$k_{\mathrm{R}} = U_{\mathrm{SRI}}/E$。

(3)完成 DDDI 等效替代 HIRF 电磁辐射效应试验。

若受试互联系统最终试验考核的辐射电场强度为 E'，计算此时左右两侧等效注入电压源的幅值分别为 $U_{\mathrm{SLI}}' = k_{\mathrm{L}} \cdot E'$ 和 $U_{\mathrm{SRI}}' = k_{\mathrm{R}} \cdot E'$，并保持相位 φ_{SLI}、φ_{SRI} 不变，通过两侧定向耦合装置 4L# 和 4R# 端口，分别对受试互联系统进行双端差模定向注入(DDDI)试验，等效替代目前实验室条件下无法模拟的高场强 E' 辐射效应试验。

5.5　差模定向注入效应试验方法有效性验证

开展差模定向注入等效替代强场电磁辐射效应试验方法的有效性验证，应在最严酷的试验条件下进行。为此，本节以典型非线性响应互联系统为受试对象，采用前面提出的效应试验方法，分别以接收天线和互联同轴线缆为电磁辐射耦合通道，对差模定向注入等效替代强场电磁辐射效应试验方法的有效性进行了验证。

5.5.1　SDDI 等效试验方法的有效性验证

1. 受试互联系统

该系统由某型平台宽带接收天线、同轴互联线缆和各级射频前端组件等构成，其整体连接方式如图 5.23 所示。各级射频前端组件集成在一个箱体内，为典型非线性响应设备，包括限幅滤波器、低噪声放大器、灵敏度控制组件、定向耦合器、限幅放大器、电源和风扇等。假定宽带接收天线为设备 A，射频前端组件集成箱为受试设备 B，为分析设备 A、B 的端口阻抗特性及输入/输出非线性响应特性，采用矢量网络分析仪，对设备 A、B 的输入端口驻波比 SWR 和传输特性 S_{21} 参数进行了测试，试验结果见表 5.1、表 5.2。

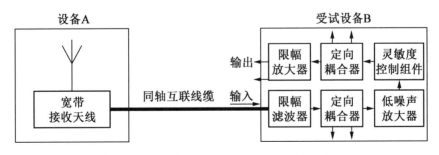

图 5.23　某型平台宽带接收系统连接方式示意图

表 5.1 中的数据表明：在输入信号功率小于 10 dBm 的条件下(验证试验过程中实际输入功率未超过 10 dBm)，宽带接收天线 A 输入端口的 SWR 不随输入功率的增大而改变，即设备 A 的端口反射系数 Γ_{A} 为定值。从表 5.2 中的数据可以看出：受试射频前端组件集成箱 B 输入端口的 SWR 随矢量网络分析仪测试功率的增加而增大，即受试设备 B

输入端口的阻抗 Z_B 随输入功率的增加而改变;受试设备 B 的传输特性 S_{21} 参数随输入功率的增加而减小,即表现出输入/输出非线性响应特性。因此上述测试结果表明:宽带接收天线 A 输入端口反射系数 Γ_A 为定值,受试射频前端组件集成箱 B 为典型非线性响应设备,满足 SDDI 等效试验方法验证试验的需求。

表 5.1　典型频点宽带接收天线 A 输入端口驻波比 SWR 实测数据

序号	输入功率 /dBm	宽带接收天线输入端口 SWR				
		2.0 GHz	3.3 GHz	4.6 GHz	5.9 GHz	8.0 GHz
1	−40	2.34	1.23	1.39	2.00	1.86
2	−30	2.35	1.24	1.40	2.00	1.85
3	−20	2.36	1.24	1.40	2.01	1.86
4	−10	2.37	1.24	1.40	2.00	1.82
5	−5	2.37	1.24	1.40	2.01	1.82
6	0	2.37	1.24	1.40	2.01	1.82
7	5	2.37	1.24	1.40	2.01	1.82
8	10	2.37	1.24	1.40	2.01	1.82

表 5.2　典型频点受试设备 B 输入端口 SWR 及传输特性 S_{21} 参数实测数据

序号	输入功率 /dBm	3.3 GHz		4.0 GHz		5.6 GHz		6.5 GHz		7.2 GHz	
		SWR	S_{21}	SWR	S_{21}	SWR	S_{21}	SWR	S_{21}	SWR	S_{21}
1	−40	1.38	33.83	1.14	34.07	1.10	33.91	1.37	33.52	1.16	33.25
2	−30	1.38	33.68	1.14	33.95	1.09	33.83	1.37	33.43	1.17	33.11
3	−20	1.39	32.00	1.14	32.18	1.09	32.17	1.37	31.95	1.17	31.69
4	−15	1.39	28.12	1.14	28.21	1.09	28.43	1.37	28.43	1.17	28.27
5	−10	1.39	23.15	1.14	23.24	1.09	23.53	1.37	23.5	1.17	23.27
6	−5	1.39	18.37	1.14	18.38	1.09	18.71	1.37	18.67	1.17	18.46
7	0	1.41	13.53	1.17	13.52	1.10	13.87	1.38	13.86	1.18	13.7
8	2	1.44	11.56	1.22	11.57	1.14	11.91	1.39	11.94	1.21	11.77
9	4	1.51	9.57	1.3	9.61	1.20	9.93	1.42	9.99	1.25	9.83
10	6	1.61	7.59	1.41	7.62	1.28	7.92	1.44	8.00	1.30	7.87
11	8	1.71	5.62	1.47	5.57	1.34	5.91	1.22	6.00	1.30	5.94

2. 试验配置及方法

按照图 5.24 所示对受试互联系统进行辐射与差模定向注入试验配置。辐射试验在开阔试验场进行,发射天线采用喇叭天线,放置于宽带接收天线的正前方,两天线间距离

满足远场试验条件。通过摸底试验可知,同轴互联线缆接收到的干扰信号可忽略不计,
即宽带接收天线为电磁辐射的主要耦合通道。差模定向注入试验时,将定向耦合装置注
入端口的匹配负载替换为注入信号源,同时应确保宽带接收天线、同轴互联线缆的放置
状态与辐射试验时保持一致。

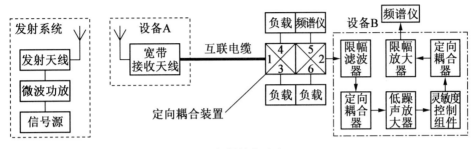

(a)辐射效应试验

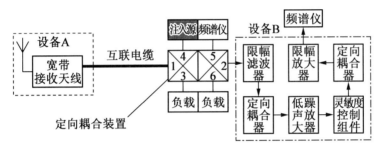

(b)差模定向注入试验

图 5.24　受试互联系统辐射与差模定向注入试验配置框图

具体试验方法:首先,对宽带接收互联系统进行辐射效应试验,使受试设备 B 在辐射
试验条件下出现非线性的响应过程,记录辐射场强与互联线缆前向电压及受试设备 B 输
出响应之间的对应关系;其次,根据单端差模定向注入等效替代强场电磁辐射效应试验
方法,以辐射响应处于线性区时互联线缆前向传输电压相等作为等效依据,得到注入电
压与辐射场强之间的等效对应关系;第三,根据低场强下(线性区)注入电压与辐射场强
之间的等效对应关系,通过线性外推获取高场强下(非线性区、饱和区)的等效注入电压
源,并开展等效的单端差模定向注入试验,记录受试设备 B 的输出响应;最后,通过比较
两种试验条件下受试设备 B 的输出响应是否相同,以此来验证单端差模定向注入等效替
代强场电磁辐射效应试验方法的正确性。

3. 试验结果及分析

在受试互联系统的工作频率范围内,选取 3.3 GHz、4.0 GHz、5.6 GHz 三个频点进行
验证试验。按照上述试验配置及验证方法,得到射频前端组件集成箱(受试设备 B)单频
连续波辐射响应曲线如图 5.25 所示,等效差模注入响应曲线如图 5.26 所示。为便于对
比分析,将等效差模注入响应曲线(横坐标换算为辐射场强)与辐射响应曲线绘制于同一
坐标系下,如图 5.27 所示。从图中可以看出,虽然受试设备 B 已进入非线性响应区,但

连续波辐射响应曲线和等效差模注入响应曲线几乎完全相同。

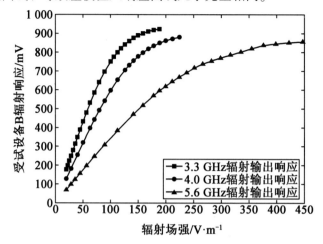

图 5.25　受试设备 B 单频连续波辐射响应曲线

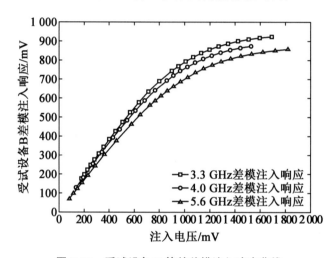

图 5.26　受试设备 B 等效差模注入响应曲线

　　为分析接收天线作为电磁能量主要耦合通道时,单端差模定向注入等效替代辐射效应试验方法的准确性,将图 5.25 和图 5.26 两种试验条件下受试设备 B 的输出响应进行数据处理,得到等效差模定向注入(SDDI)与辐射试验条件下受试设备 B 输出响应的相对误差曲线(图 5.28)。可以看出:等效单端差模定向注入试验条件下受试设备 B 输出响应的相对误差较小,在 3.3 GHz、4.0 GHz、5.6 GHz 三个频点,最大相对误差分别仅为 -0.12 dB、-0.16 dB 和 -0.21 dB,这一误差来源主要包括:受试射频前端组件自身性能的波动、组件内部有源器件的噪声以及测试仪器设备和读数的误差等,上述试验结果验证了 SDDI 等效试验方法的有效性。

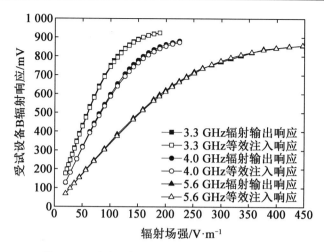

图 5.27　受试设备 B 辐射与等效注入响应曲线

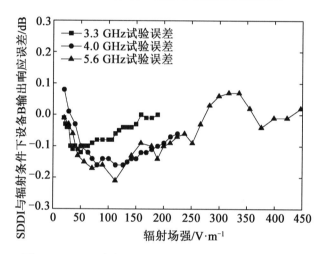

图 5.28　SDDI 与辐射条件下受试设备 B 输出响应误差

5.5.2　DDDI 等效试验方法的有效性验证

以典型非线性互联系统为受试对象,将同轴互联线缆作为电磁能量耦合通道,开展双端差模定向注入(DDDI)等效替代强场电磁辐射效应的验证试验研究。为使得验证结果更具有说服力,这里要求受试设备在辐射试验过程中出现非线性的响应过程,并包括输入/输出响应非线性和输入端口响应非线性(即端口阻抗发生变化)两种情况。第一种情况,拟采用两个星载射频前端低噪放组件作为受试设备 A_1、B_1;第二种情况,拟采用失配通过式同轴负载模拟受试设备 A_2、B_2,在不同辐射场强下通过人为改变受试设备 A_2、B_2 阻抗的方式来实现设备输入端口响应的非线性。

1. 试验配置及系统构建

按照图 5.29 所示进行辐射效应试验配置连接,受试屏蔽线缆放置于屏蔽室内,通过左右两侧接口板分别与两侧定向耦合装置的 $1^{\#}$ 端口进行连接,定向耦合装置的 $2^{\#}$ 端口连接受试设备,受试设备输出端接频谱分析仪,用于监测其输出响应。屏蔽室外采用矢量网络分析仪作为发射和接收设备,矢量网络分析仪的 1 端口作为信号源,通过功率放大器与屏蔽室内的喇叭发射天线进行连接,发射天线位于受试同轴线缆的正前方;矢量网络分析仪的 2 端口作为接收机,分别与两侧定向耦合装置的监测端口进行连接,在辐射效应试验过程中,通过测试系统的 S_{21} 参数,分别得到两侧定向耦合装置监测端口输出响应的幅值和相位。

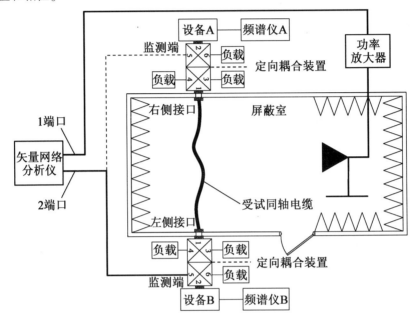

图 5.29　辐射效应试验配置连接示意图

　　按照图 5.30 所示进行双端差模定向注入试验配置连接,采用矢量网络分析仪的 1 端口作为注入信号源,由于需要对两端设备 A、B 同时进行同频率的差模定向注入试验,因此矢量网络分析仪的 1 端口通过功分器将注入信号分为两路,并分别与两侧定向耦合装置的 4# 注入端口进行连接,为了保证两路信号具有不同的幅值和相位,在其中一条支路上连接了连续可调衰减器和 360°/GHz 移相器;矢量网络分析仪的 2 端口仍作为接收机,用于在双端差模定向注入试验过程中测试监测端口的输出响应(幅值和相位),构建的双端差模定向注入试验系统实物照片如图 5.31 所示。

　　2. 试验方法及步骤

　　(1) 对设备 A、B 和互联线缆构成的受试系统进行辐射效应试验,使设备 A、B 在辐射试验条件下出现非线性的响应过程,记录辐射场强与两侧定向耦合装置监测端口输出响应(包括幅值和相位)及受试设备 A、B 输出响应之间的对应关系。

　　(2) 根据 DDDI 等效替代强场电磁辐射效应试验方法,以辐射响应处于线性区时两侧定向耦合装置监测端口的输出响应相等(包括幅值相等和相位相等)作为等效依据,通过调整矢量网络分析仪 1 端口的输出功率、可调衰减器的衰减值和移相器的移相值,满足 DDDI 与辐射试验等效的条件,获取矢量网络分析仪 1 端口输出功率与辐射场强之间的等效对应关系。

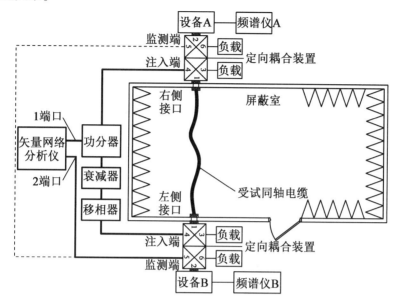

图 5.30　双端差模定向注入试验配置连接示意图

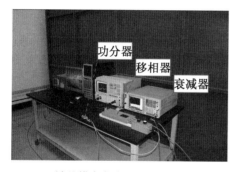

（a）双端差模定向注入及监测试验系统

（b）定向耦合装置与受试设备连接方式

图 5.31　构建的双端差模定向注入试验系统实物照片

（3）在不改变可调衰减器的衰减值和移相器的移相值的基础上,根据低场强下（线性区）矢量网络分析仪 1 端口输出功率与辐射场强之间的等效对应关系,通过线性外推获取高场下（非线性区、饱和区）的等效注入功率,并开展等效的双端差模定向注入试验,记录 DDDI 试验条件下受试设备 A、B 的输出响应。

（4）通过比较两种试验条件下受试设备 A、B 的输出响应是否相等,来验证双端差模定向注入等效替代强场电磁辐射效应试验方法的有效性。

3. 试验结果及分析

（1）输入/输出响应非线性受试设备验证试验。

以两个星载射频前端低噪放组件作为互联线缆两端的受试设备 A_1、B_1。这里需要说明的是:实际工程中不存在这样功能的互联系统,本文只是为了验证这种极端情况而人为设计的受试系统。按照上述试验配置和试验步骤,在受试系统的工作频段范围内,选取 1.510 GHz、1.605 GHz、1.750 GHz 三个频点分别进行辐射与等效的双端差模定向注入试验,将受试设备 A_1、B_1 的注入响应曲线(横坐标换算为辐射场强)与辐射响应曲线绘制于同一坐标系下,如图 5.32、图 5.33 所示。可以看出:在上述辐射试验条件下,互联线缆两端的受试设备能够同时进入非线性响应区,采用 DDDI 试验方法得到的受试设备 A_1、B_1 的输出响应曲线与辐射试验几乎完全相同。为分析 DDDI 等效试验方法的准确性,将图 5.32、图 5.33 中的试验数据进行处理,得到 DDDI 试验条件下受试设备 A_1、B_1 输出响应的相对误差曲线如图 5.34、图 5.35 所示。

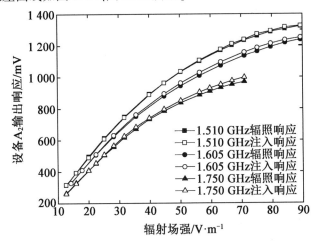

图 5.32　设备 A_1 辐射与 DDDI 注入响应曲线

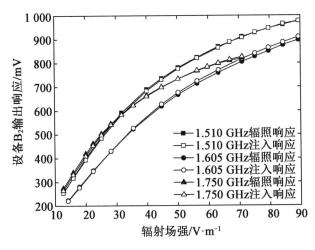

图 5.33　设备 B_1 辐射与 DDDI 注入响应曲线

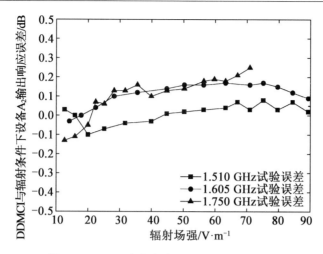

图 5.34　DDDI 与辐射条件下 A₁ 输出响应误差

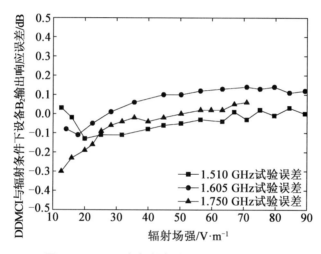

图 5.35　DDDI 与辐射条件下 B₁ 输出响应误差

从图 5.34 和图 5.35 可以看出：双端差模定向注入试验条件下受试设备 A₁、B₁ 输出响应的相对误差较小，1.510 GHz、1.605 GHz、1.750 GHz 三个试验频点最大试验误差分别仅为 -0.13 dB、0.17 dB 和 -0.30 dB。因此，上述试验结果表明：对于互联线缆两端均为输入/输出响应非线性的受试设备，采用双端差模定向注入试验方法等效替代强场电磁辐射效应试验方法工程上是可行的。

（2）输入端口响应非线性受试设备验证试验。

受试设备输入端口响应非线性，是指在强场电磁辐射试验条件下，由于设备输入端口的阻抗发生改变从而产生的非线性。目前，由于实验室条件下所模拟的辐射场强较低，大部分受试设备的输入端口阻抗很难发生改变，但是在实际的 HIRF 环境条件下，这种情况可能发生。作为一种全新的试验方法，我们需要考虑在最严酷的条件下，保证这种试验方法的有效性。为此，我们采用在不同辐射场强试验条件下，人为改变互联线缆

两端设备 A_2、B_2 阻抗的方式来模拟受试设备输入端口响应的非线性特性,从而完成 DDDI 等效试验方法的有效性验证。

选择 20 V/m、40 V/m 和 80 V/m 的辐射强场进行验证试验,为了便于测试终端负载上的响应,我们采用通过式负载来模拟受试设备 A_2、B_2 的阻抗,不同辐射场强下设备 A_2、B_2 的阻抗见表 5.3。通过 20 V/m 预先辐射效应试验,获取整体注入功率(矢量网络分析仪 1 端口输出功率)与辐射场强之间的等效对应关系,以及衰减器的衰减值和移相器的移相值等参数。按照外推试验方法,开展与 40 V/m 和 80 V/m 辐射试验等效的双端差模定向注入试验,并验证变阻抗后双端差模定向注入试验与辐射试验的等效性。试验得到不同频率下设备 A_2、B_2 辐射与双端差模定向注入响应曲线如图 5.36、图 5.37 所示。

表 5.3　不同辐射场强下设备 A_2、B_2 的阻抗

辐射场强/V·m⁻¹	设备 A_2 阻抗	设备 B_2 阻抗
20	单纯频谱分析仪输入阻抗 = 50 Ω	单纯频谱分析仪输入阻抗 = 50 Ω
40	50 Ω 通过式负载+频谱仪 = 25 Ω	25 Ω 通过式负载+频谱仪 = 16.7 Ω
80	25 Ω 通过式负载+频谱仪 = 16.7 Ω	150 Ω 通过式负载+频谱仪 = 37.5 Ω

注:表中通过式负载的阻抗均为 150 MHz 以下的测试结果,其他频段阻抗可发生改变。

从图 5.36、图 5.37 可以看出:即使是输入端口响应非线性受试设备组成的互联系统,在不同试验频点,采用双端差模定向注入试验方法得到的受试设备 A_2、B_2 输出响应与辐射试验也几乎完全相同。为分析 DDDI 等效试验方法的准确性,将图 5.36、图 5.37 中的试验数据进行处理,得到双端差模定向注入与辐射效应试验条件下受试设备 A_2、B_2 输出响应的相对误差曲线如图 5.38、图 5.39 所示。

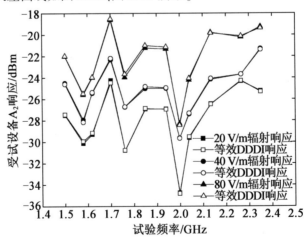

图 5.36　受试设备 A_2 辐射与 DDDI 注入响应曲线

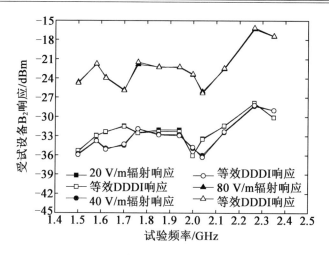

图 5.37　受试设备 B_2 辐射与 DDDI 注入响应曲线

从图 5.38、图 5.39 可以看出:双端差模定向注入试验条件下设备 A_5、B_5 输出响应的相对误差较小,辐射场强为 20 V/m、40 V/m 和 80 V/m 的试验条件下,不同试验频点的最大试验误差分别仅为 -0.29 dB、-0.29 dB 和 0.36 dB,这一试验结果验证了对于互联系统两端均为输入端口响应非线性受试设备时,DDDI 等效试验方法的有效性。

综上所述,通过试验研究结果表明:对于电磁能量耦合通道为互联线缆的两类典型非线性响应系统,双端差模定向注入(DDDI)等效替代强场电磁辐射效应试验方法理论上是正确的、工程上是可行的。

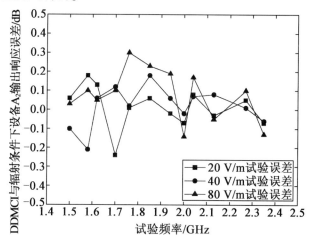

图 5.38　DDDI 与辐射条件下设备 A_2 输出响应误差

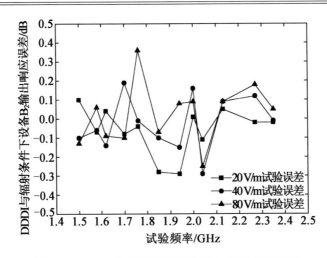

图 5.39　DDDI 与辐射条件下设备 B$_2$ 输出响应误差

第6章 大电流注入等效辐照效应试验方法

针对实验室环境下,全电平辐射法难以在大范围空间内模拟武器装备所面临的强场电磁环境;同时,考虑到外场环境实装构建技术,难以确定受试系统的敏感频段和宽频段试验成本高、协调难度大等问题。针对天线、同轴线缆耦合通道试验需求,第5章提出了差模定向注入试验方法。信息化装备为了实现互联互通大量使用了低频互联线缆,而低频互联线缆正是电磁辐射能量的最重要耦合通道。如何对低频互联线缆进行 HIRF 辐射敏感度及安全裕度试验考核,则更是迫在眉睫。注入法(BCI、PCI、DCI、GCI 、DDI)、低电平法(LLSF、LLSC)和混响室法是近些年发展起来的电磁辐射效应等效试验方法。在上述等效试验方法中,对低频线缆试验,BCI 方法是最为合适的试验方法,但传统 BCI 方法应用于非线性系统试验存在试验误差大等问题,为此本章介绍一种新的大电流注入等效辐照效应试验方法。

6.1 BCI 等效替代电磁辐射理论基础

6.1.1 注入等效强场辐射的理论依据

研究表明,虽然辐射和 BCI 试验时干扰信号源作用的物理过程在本质上是不同的,但只要合理选择等效准则,两者的等效是可以实现的。一种准则是辐射和注入时互联线缆上的电流分布一致。由于此时线缆为主要电磁辐射耦合途径,因此只要线缆上电流分布一致,就可以进一步保证线缆终端受试设备的响应相等。然而,只有当辐射场参数满足特定条件的情况下,才能实现线缆上电流分布相等。另一种准则是保证线缆终端 EUT 响应在辐射和注入时相等,无须关心线缆上的电流分布是否一致。这种等效准则在各种辐射场条件下均可实现,虽然此时辐射和注入并没有达到完全等效,但从工程角度来看,由于最终关心的是 EUT 响应是否一致,所以采用这种等效准则同样可行。因为该准则对辐射场参数的限制少,所以在实际应用中被广泛接受,本章提出的等效注入试验方法也将采用这一等效准则,即注入与辐照试验等效的依据是两者对受试设备的响应相等,工程上等效的依据是两者产生的效应相同。为了能够从理论上对这一等效型问题进行分析,我们以受试设备的端口响应相等作为等效依据,来分析注入与辐照等效的条件,进而通过理论推导建立注入与辐照等效的分析模型。

典型互联系统的构成如图 6.1 所示,假设 B 为受试设备,A 为互联设备,两者通过传输线相连。

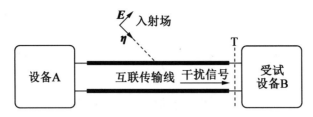

图 6.1　典型互联系统的构成

在外界电磁辐射和注入试验条件下,根据戴维南定理,互联系统可以等效成如图 6.2 所示的等效电路模型,根据 BLT 方程可以计算求得

$$U_{SR} = \frac{2(e^{-\gamma L}S_1 + \Gamma_A e^{-2\gamma L}S_2)}{1 - \Gamma_A e^{-2\gamma L}} \tag{6.1}$$

根据线性大电流注入探头耦合特性:

$$U_{SI} = k \cdot U_I \tag{6.2}$$

$$\left.\begin{array}{l} U_{BR} = \dfrac{Z_B}{Z_{SR} + Z_B} U_{SR} \\[3mm] U_{BI} = \dfrac{Z_B}{Z_{SI} + Z_B} U_{SI} \end{array}\right\} \tag{6.3}$$

令 $U_{BR} = U_{BI}$,则有

$$U_I = \frac{1}{k} \cdot \frac{Z_{SI} + Z_B}{Z_{SR} + Z_B} \cdot \frac{2(e^{-\gamma L}S_1 + \Gamma_A e^{-2\gamma L}S_2)}{1 - \Gamma_A e^{-2\gamma L}} \tag{6.4}$$

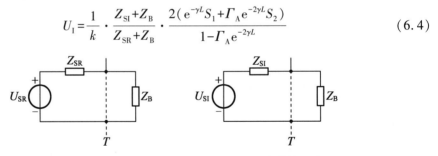

（a）辐射响应等效电路　　　　　（b）注入响应等效电路

图 6.2　互联系统辐射与注入响应等效电路分析模型

提出新试验方法的目的是要解决 HIRF 效应试验的问题,但在强场试验条件下,受试设备的阻抗 Z_B 以及激励源的阻抗 Z_{SI} 和 Z_{SR} 均不再是定值,由于获取 HIRF 条件下的阻抗存在较大的难度,因此采用上述理论模型计算强场条件下的等效注入电压源工程上难以实现。较为可行的方法是:在低场强下获取等效注入电压源与辐射场强之间的对应关系,替代高场强试验的等效注入电压源通过外推的方法得到。

由于传统的响应信号外推测试方法不适用于非线性系统(如测试标准 SAE ARP5583、ED-107),为此,可采用差模定向注入效应试验方法中的激励源外推模型,获取强场试验条件下的等效注入激励源。本书 5.1 节通过理论分析可知:保证 HIRF 条件下通过线性外推获取的注入激励源与辐射等效的集总电压源激励效果相同,需要满足两个条件:第一,注入激励源与辐射场强、辐射等效集总电压源为线性变化关系,进而线性外推后能够满足开路电压相同,即 $U_{SI}=U_{SR}$;第二,等效电路中模块、器件响应的分压比相同或表述为无源网络模型相同。

工程实际中由于电流注入探头的引入,则需要进一步关注如下两个问题:一是电流注入探头要保证具有较高的注入线性度指标;二是等效注入激励源 U_1 与外界辐射场强 E 之间能否保证是线性变化关系。为此,提出电流注入探头应满足的技术指标要求如下:频率范围优于 1 MHz~400 MHz(根据测试需求,可分段实现);注入功率大于 500 W;不同注入功率下的插损变化(线性度)不大于 1 dB。下面以平行双线、多芯线和屏蔽多芯线为例,分别讨论等效注入激励源与外界辐射场强之间的等效对应关系以及大电流注入等效替代辐照的工程实现技术。

6.1.2　共差模转换原理和等效电路模型

在建模之前,首先分析引起效应的干扰信号的产生过程。平行双线在互联系统中输送电力或信号,但在这两根导线之外,往往还有大地的影响,它与这两根导线构成了两个地回路。由于地回路的存在,外界骚扰电磁场直接在信号线和大地构成回路感应产生共模电流。通常由于电路结构的不平衡,共模电压会转化为平行双线之间的差模电压。而实际工程中对 EUT 起作用的是差模骚扰。

共差模转换可发生在线缆上或者线缆终端,在线缆上发生共差模转换的条件是线缆结构与大地不对称,而线缆终端发生共差模转换的条件是两线终端的对地阻抗不相等。辐照时终端直接感应出差模电流的情况是在两条线缆间距较大的情况下发生的。而工程中使用的线缆之间的间距很小,但是线缆各芯线对地结构的不对称性不可忽略。因此终端阻抗的不平衡性是引起共差模转换的主要原因,即辐射和注入时线缆终端设备的差模响应是在线缆终端由共模干扰信号转化而来的。

在试验以及工程中,平行双线互联系统可等效为图 6.3 所示电路模型,其中平行双线的长度为 L,左右分别连接辅助设备与受试设备,Z_1 为左端辅助设备的阻抗,Z_2、Z_3 为左侧线缆终端两根线的对地阻抗;Z_4 为右端受试设备的阻抗,Z_5、Z_6 为右侧线缆终端两根线的对地阻抗。如果 Z_2 与 Z_3 不相等,即左端阻抗不平衡,共模回路中的 Z_1 两端就会有电压差,形成差模响应。同理,如果 Z_5 与 Z_6 不相等,就会引起右端出现共差模转换。

图 6.3 中左右两端(Z_1、Z_2、Z_3)与(Z_4、Z_5、Z_6)分别构成一个 π 型电路,根据电路理论,为了研究的方便,我们将该电路转换为 T 型电路,如图 6.4 所示。

根据两电路的转换公式,可得

$$Z_{G,L}=\frac{Z_2 Z_3}{Z_1+Z_2+Z_3} \tag{6.5}$$

$$\frac{Z_{DL}}{2}(1+\delta_L)=\frac{Z_1 Z_2}{Z_1+Z_2+Z_3} \tag{6.6}$$

$$\frac{Z_{DL}}{2}(1-\delta_L) = \frac{Z_1 Z_3}{Z_1 + Z_2 + Z_3} \tag{6.7}$$

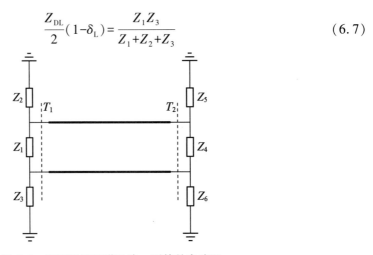

图 6.3 平行双线互联系统 π 型等效电路图

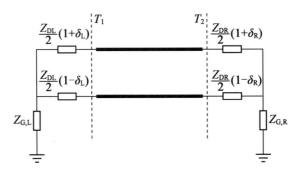

图 6.4 平行双线互联系统 T 型结构电路

T_2 右端的计算方法同上。其中,$\delta_X(X=L,R)$ 为左右两个终端的不平衡度,$Z_{G,X}(X=L,R)$ 为转化为 T 型电路后左右两个终端的对地阻抗,Z_{DL} 为线缆左端设备的差模阻抗,Z_{DR} 为线缆右端设备的差模阻抗。

由式(6.6)、式(6.7)可得

$$Z_{DL} = \frac{Z_1(Z_2 + Z_3)}{Z_1 + Z_2 + Z_3} \tag{6.8}$$

$$\delta_L = \frac{Z_2 - Z_3}{Z_2 + Z_3} \tag{6.9}$$

$$Z_{C,L} = Z_{G,L} + \frac{1}{4}Z_{DL} = \frac{4Z_2 Z_3 + Z_1(Z_2 + Z_3)}{4(Z_1 + Z_2 + Z_3)} \tag{6.10}$$

$Z_{C,X}(X=L,R)$ 为转化为 T 型电路后左右两个终端的共模阻抗,平行双线左右两端形成的阻抗矩阵为

$$Z'_L = \begin{pmatrix} \frac{Z_{DL}}{2}(1+\delta_L) + Z_{G,L} & Z_{G,L} \\ \\ Z_{G,L} & \frac{Z_{DL}}{2}(1-\delta_L) + Z_{G,L} \end{pmatrix} \tag{6.11}$$

$$Z'_R = \begin{vmatrix} \dfrac{Z_{DR}}{2}(1+\delta_R)+Z_{G,R} & Z_{G,R} \\ \\ Z_{G,R} & \dfrac{Z_{DR}}{2}(1-\delta_R)+Z_{G,R} \end{vmatrix} \qquad (6.12)$$

$Z'_X(X=L,R)$ 为线缆两端的阻抗网络矩阵。根据上述电路模型,进一步采用电路网络理论,可分析电磁辐射和注入条件下线缆两端的响应,为等效性研究提供理论工具。

6.2　平行双线耦合 BCI 等效试验技术

对于互联系统而言,工程上注入与辐照试验等效的依据是在两种条件下 EUT 产生的效应相同。为了能够从理论上对这一等效性问题进行分析,以 EUT 的端口响应相等作为等效依据,来分析注入与辐照等效的条件,进而通过理论推导建立注入与辐照等效的分析模型。

6.2.1　注入激励源与外界辐射场强关系推导

1. 模态域的转化

如图 6.5 所示,一段距地面一定高度 H,长度为 L 的平行双线,探头卡在平行双线的任意位置。电流探头左端平行双线的长度为 L_1,探头右端平行双线的长度为 L_2。由于探头宽度的在线度上远小于平行双线的长度,因此探头的宽度可以忽略不计。

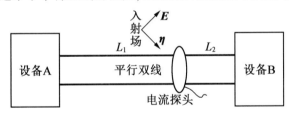

图 6.5　平行双线简化模型

由于探究的是 EUT 的差模响应,根据共差模的定义,可以将各传输矩阵写成模态域的形式,式(6.11)、式(6.12)可写成左右两端设备的模态域矩阵 Z_L、Z_R。

$$Z_L = \begin{vmatrix} Z_{G,L}+\dfrac{Z_{DL}}{4} & \dfrac{\delta_L}{2}Z_{DL} \\ \\ \dfrac{\delta_L}{2}Z_{DL} & Z_{DL} \end{vmatrix} \qquad (6.13)$$

$$Z_R = \begin{vmatrix} Z_{G,R}+\dfrac{Z_{DR}}{4} & \dfrac{\delta_R}{2}Z_{DR} \\ \\ \dfrac{\delta_R}{2}Z_{DR} & Z_{DR} \end{vmatrix} \qquad (6.14)$$

Z_C 为平行双线模态域矩阵,Z_{CM} 为平行双线共模特性阻抗,Z_{DM} 为平行双线差模特性阻抗。

$$\boldsymbol{Z}_\mathrm{C}=\begin{pmatrix} Z_\mathrm{CM} & 0 \\ 0 & Z_\mathrm{DM} \end{pmatrix} \tag{6.15}$$

$\boldsymbol{\Phi}_\mathrm{W}(L_1)$ 为探头左侧模态域下平行双线传输矩阵,平行双线长度为 L_1, $\boldsymbol{\Phi}_\mathrm{W}(L_2)$ 为探头右侧模态域下平行双线传输矩阵,平行双线长度为 L_2, $\mathbf{1}_{2\times2}$ 为 2 阶单位阵。

$$\boldsymbol{\Phi}_\mathrm{W}(L_1)=\begin{pmatrix} \cosh(\gamma_0 L_1)\mathbf{1}_{2\times2} & -\sinh(\gamma_0 L_1)\boldsymbol{Z}_\mathrm{C} \\ -\sinh(\gamma_0 L_1)\boldsymbol{Z}_\mathrm{C}^{-1} & \cosh(\gamma_0 L_1)\mathbf{1}_{2\times2} \end{pmatrix} \tag{6.16}$$

$$\boldsymbol{\Phi}_\mathrm{W}(L_2)=\begin{pmatrix} \cosh(\gamma_0 L_2)\mathbf{1}_{2\times2} & -\sinh(\gamma_0 L_2)\boldsymbol{Z}_\mathrm{C} \\ -\sinh(\gamma_0 L_2)\boldsymbol{Z}_\mathrm{C}^{-1} & \cosh(\gamma_0 L_2)\mathbf{1}_{2\times2} \end{pmatrix} \tag{6.17}$$

$\boldsymbol{\Phi}_\mathrm{P}$ 为探头模态域矩阵, Z_P 为模态域探头阻抗矩阵, Y_P 为模态域探头导纳矩阵。 Z_P^CM 为探头耦合到平行双线上的共模阻抗, Z_P^DM 为探头耦合到平行双线上的差模阻抗。 Y_P^CM 为探头耦合到平行双线上的共模导纳, Y_P^DM 为探头耦合到平行双线上的差模导纳。

$$\boldsymbol{\Phi}_\mathrm{P}=\begin{bmatrix} \mathbf{1}_{2\times2}+Z_\mathrm{P}Y_\mathrm{P} & -Z_\mathrm{P} \\ -Y_\mathrm{P}(2\mathbf{1}_{2\times2}+Z_\mathrm{P}Y_\mathrm{P}) & \mathbf{1}_{2\times2}+Z_\mathrm{P}Y_\mathrm{P} \end{bmatrix} \tag{6.18}$$

$$\boldsymbol{Z}_\mathrm{P}=\begin{bmatrix} Z_\mathrm{P}^\mathrm{CM} & 0 \\ 0 & Z_\mathrm{P}^\mathrm{DM} \end{bmatrix} \tag{6.19}$$

$$\boldsymbol{Y}_\mathrm{P}=\begin{bmatrix} Y_\mathrm{P}^\mathrm{CM} & 0 \\ 0 & Y_\mathrm{P}^\mathrm{DM} \end{bmatrix} \tag{6.20}$$

$\boldsymbol{F}_\mathrm{P}$ 为源向量, $\boldsymbol{V}_\mathrm{S}$ 为注入源向量, V_S 为注入探头加载到平行双线上的共模电压。

$$\boldsymbol{F}_\mathrm{P}=(\,\boldsymbol{V}_\mathrm{S} \quad -Y_\mathrm{P}\cdot\boldsymbol{V}_\mathrm{S}\,)^\mathrm{T} \tag{6.21}$$

$$\boldsymbol{V}_\mathrm{S}=V_\mathrm{S}(1 \quad 0)^\mathrm{T} \tag{6.22}$$

2. 注入条件 EUT 响应推导

在图 6.6 中,可以通过链路参数的方法求解 BCI 方法中右端 EUT 的差模响应。 I 表示电流, V 表示两条线缆的对地电压。下标 1 和 2 分别代表平行双线的两条线缆,上标 (i) 表示注入条件。

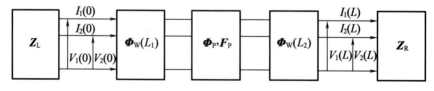

图 6.6　注入网络模型

按照模态域的计算方法,右端 EUT 的响应矩阵可写成

$$\begin{bmatrix} \boldsymbol{V}^{(i)}(L) \\ \boldsymbol{I}^{(i)}(L) \end{bmatrix}=\boldsymbol{\Phi}_\mathrm{W}(L_2)\boldsymbol{\Phi}_\mathrm{P}\boldsymbol{\Phi}_\mathrm{W}(L_1)\begin{bmatrix} \boldsymbol{V}^{(i)}(0) \\ \boldsymbol{I}^{(i)}(0) \end{bmatrix}+\boldsymbol{\Phi}_\mathrm{W}(L_2)\boldsymbol{F}_\mathrm{P}=\begin{bmatrix} \boldsymbol{E} & \boldsymbol{F} \\ \boldsymbol{G} & \boldsymbol{H} \end{bmatrix}\begin{bmatrix} -\boldsymbol{Z}_\mathrm{L}\boldsymbol{I}^{(i)}(0) \\ \boldsymbol{I}^{(i)}(0) \end{bmatrix}+\begin{bmatrix} \boldsymbol{M}_1 \\ \boldsymbol{N}_1 \end{bmatrix} \tag{6.23}$$

$$V^{(i)}(L) = Z_{\mathrm{R}} \cdot I^{(i)}(L) \tag{6.24}$$

$$V^{(i)}(0) = -Z_{\mathrm{L}} \cdot I^{(i)}(0) \tag{6.25}$$

M_1、N_1 的具体表达式如下

$$M_1 = \begin{bmatrix} m_{11}^{(1)} \\ m_{21}^{(1)} \end{bmatrix} = \begin{bmatrix} V_{\mathrm{S}}\left[\cosh(\gamma_0 L_2) + Y_{\mathrm{P}}^{\mathrm{CM}} Z_{\mathrm{CM}} \sinh(\gamma_0 L_2)\right] \\ 0 \end{bmatrix} = \begin{bmatrix} k_1 V_{\mathrm{S}} \\ 0 \end{bmatrix} \tag{6.26}$$

$$N_1 = \begin{bmatrix} n_{11}^{(1)} \\ n_{21}^{(1)} \end{bmatrix} = \begin{bmatrix} V_{\mathrm{S}}\left[Y_{\mathrm{P}}^{\mathrm{CM}} \cosh(\gamma_0 L_2) + \sinh(\gamma_0 L_2)/Z_{\mathrm{CM}}\right] \\ 0 \end{bmatrix} = \begin{bmatrix} k_2 V_{\mathrm{S}} \\ 0 \end{bmatrix} \tag{6.27}$$

$\begin{pmatrix} V^{(i)}(L) \\ I^{(i)}(L) \end{pmatrix}$ 为模态域下注入法右端 EUT 的响应矩阵，$\begin{pmatrix} V^{(i)}(0) \\ I^{(i)}(0) \end{pmatrix}$ 为模态域下注入法左端测试设备的响应矩阵。

解上述矩阵方程可得

$$V^{(i)}(L) = \begin{pmatrix} V_{\mathrm{CM}}^{(i)}(L) \\ V_{\mathrm{DM}}^{(i)}(L) \end{pmatrix} = Z_{\mathrm{R}}\left[Z_{\mathrm{R}} - (F - E Z_{\mathrm{L}})(H - G Z_{\mathrm{L}})^{-1}\right]^{-1}\left[M_1 - (F - E Z_{\mathrm{L}})(H - G Z_{\mathrm{L}})^{-1} N_1\right] \tag{6.28}$$

3. 辐照条件 EUT 响应推导

同注入法的理论推导模型的思路，辐照时 EUT 响应的求解模型也可以使用链路参数的方法。注入探头将平行双线分割成两段，由于只关注左右两终端的响应，故 Agrawal 模型中辐照引起线缆上的分布源可转换为线缆两端的集总源，此时辐照的网络模型构成如图 6.7 所示。通过上述源向量的转化，可将图 6.7 的模型转化成图 6.8 的网络模型。

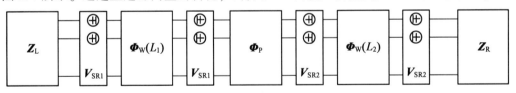

图 6.7　辐照实际网络模型

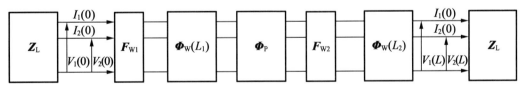

图 6.8　辐照转化网络模型

V_{SL1}、V_{SR1} 组成的集总源向量可转换为 $\Phi_{\mathrm{W}}(L_1)$ 左端的源向量 F_{W1}。同理，V_{SL2}、V_{SR2} 组成的集总源向量可转换为 $\Phi_{\mathrm{W}}(L_2)$ 左端的源向量 F_{W2}。

$$F_{\mathrm{W1}} = (V_{\mathrm{SL1}} - \cosh(\gamma_0 L_1) V_{\mathrm{SR1}} \quad -\sinh(\gamma_0 L_1) Z_{\mathrm{C}}^{-1} V_{\mathrm{SR1}})^{\mathrm{T}} \tag{6.29}$$

$$F_{\mathrm{W2}} = (V_{\mathrm{SL2}} - \cosh(\gamma_0 L_2) V_{\mathrm{SR2}} \quad -\sinh(\gamma_0 L_2) Z_{\mathrm{C}}^{-1} V_{\mathrm{SR2}})^{\mathrm{T}} \tag{6.30}$$

$$V_{SL1} = \frac{2\left(S_1 + e^{\gamma_0 L_1} S_2\right)}{e^{2\gamma_0 L_1} - 1}$$

$$V_{SR1} = \frac{2\left(e^{\gamma_0 L_1} S_1 + S_2\right)}{e^{2\gamma_0 L_1} - 1}$$

$$V_{SL2} = \frac{2\left(S_1 + e^{\gamma_0 L_2} S_2\right)}{e^{2\gamma_0 L_2} - 1} \tag{6.31}$$

$$V_{SR2} = \frac{2\left(e^{\gamma_0 L_2} S_1 + S_2\right)}{e^{2\gamma_0 L_2} - 1}$$

由于场线耦合过程为线性过程,源 S_1、S_2 与辐射场强大小成线性关系。因此,V_{SL1}、V_{SR1}、V_{SL2}、V_{SR2} 与辐射场强大小成线性关系。

因此,辐照时右端 EUT 的响应计算矩阵方程为

$$\begin{bmatrix} \boldsymbol{V}^{(r)}(L) \\ \boldsymbol{I}^{(r)}(L) \end{bmatrix} = \boldsymbol{\Phi}_W(L_2)\boldsymbol{\Phi}_P\boldsymbol{\Phi}_W(L_1) \begin{bmatrix} \boldsymbol{V}^{(r)}(0) \\ \boldsymbol{I}^{(r)}(0) \end{bmatrix} - \boldsymbol{\Phi}_W(L_2)\boldsymbol{\Phi}_P\boldsymbol{\Phi}_W(L_1)\boldsymbol{F}_{W1} - \boldsymbol{\Phi}_W(L_2)\boldsymbol{F}_{W2}$$

$$= \begin{bmatrix} \boldsymbol{E} & \boldsymbol{F} \\ \boldsymbol{G} & \boldsymbol{H} \end{bmatrix} \begin{bmatrix} -\boldsymbol{Z}_L \boldsymbol{I}^{(r)}(0) \\ \boldsymbol{I}^{(r)}(0) \end{bmatrix} + \begin{bmatrix} \boldsymbol{M}_2 \\ \boldsymbol{N}_2 \end{bmatrix} \tag{6.32}$$

$$\boldsymbol{V}^{(r)}(L) = \boldsymbol{Z}_R \boldsymbol{I}^{(r)}(L) \tag{6.33}$$

$$\boldsymbol{V}^{(r)}(0) = -\boldsymbol{Z}_L \boldsymbol{I}^{(r)}(0) \tag{6.34}$$

$\boldsymbol{M}_2$,$\boldsymbol{N}_2$ 的具体表达式如下,上标(r)表示辐照条件。

$$M_2 = \begin{bmatrix} m_{11}^{(2)} \\ m_{21}^{(2)} \end{bmatrix} = \begin{bmatrix} k_3 V_{SL1} + k_4 V_{SR1} + k_5 V_{SL2} + k_6 V_{SR2} \\ k_7 V_{SL1} + k_8 V_{SR1} \end{bmatrix}$$

$$= \begin{bmatrix} V_{SR2} - \dfrac{\cosh(\gamma_0 L_2)\{Z_{CM}[V_{SL2} - V_{SR1}(1 + Y_P^{CM}Z_P^{CM})] + V_{SL1}Z_{CM}(1 + Y_P^{CM}Z_P^{CM})\cosh(\gamma_0 L_1) + V_{SL1}Z_P^{CM}\sinh(\gamma_0 L_1)\}}{Z_{CM}} \\ + [V_{SR1}Y_P^{CM}Z_{CM}(2 + Y_P^{CM}Z_P^{CM}) - V_{SL1}Y_P^{CM}Z_{CM}(2 + Y_P^{CM}Z_P^{CM})\cosh(\gamma_0 L_1) - V_{SL1}(1 + Y_P^{CM}Z_P^{CM})\sinh(\gamma_0 L_1)]\sinh(\gamma_0 L_2) \\ \\ [V_{SR1} - V_{SL1}\cosh(\gamma_0 L_1)]\cosh(\gamma_0 L_2) + \dfrac{Z_{DM}[2V_{SR1}Y_P^{CM}Z_{CM} - 2V_{SL1}Y_P^{DM}Z_{CM}\cosh(\gamma_0 L_1) - V_{SL1}\sinh(\gamma_0 L_1)]\sinh(\gamma_0 L_2)}{Z_{CM}} \end{bmatrix}$$

$$\tag{6.35}$$

$$N_2 = \begin{bmatrix} n_{11}^{(2)} \\ n_{22}^{(2)} \end{bmatrix} = \begin{bmatrix} k_9 V_{SL1} + k_{10} V_{SR1} + k_{11} V_{SL2} + k_{12} V_{SR2} \\ k_{13} V_{SL1} + k_{14} V_{SR1} \end{bmatrix}$$

$$= \begin{bmatrix} \dfrac{1}{Z_{CM}^2}\left(-Z_{CM}\cosh(\gamma_0 L_2)\left[V_{SR1} Y_P^{CM} Z_{CM}(2 + Y_P^{CM} Z_P^{CM}) - V_{SL1} Y_P^{CM} Z_{CM}(2 + Y_P^{CM} Z_P^{CM})\cosh(\gamma_0 L_1)\right.\right. \\ \left.- V_{SL1}(1 + Y_P^{CM} Z_P^{CM})\sinh(\gamma_0 L_1)\right] + (Z_{CM}\sinh(\gamma_0 L_2)\left[V_{SL2} - V_{SR1}(1 + Y_P^{CM} Z_P^{CM})\right] \\ \left.+ V_{SL1} Z_{CM}(1 + Y_P^{CM} Z_P^{CM})\cosh(\gamma_0 L_1) + V_{SL1} Z_P^{CM}\sinh(\gamma_0 L_1)\right)\right) \\ \\ \cosh(\gamma_0 L_2)\left(-2 V_{SR1} Y_P^{DM} + 2 V_{SL1} Y_P^{DM}\cosh(\gamma_0 L_1) + \dfrac{V_{SL1}\sinh(\gamma_0 L_1)}{Z_{CM}}\right) - \dfrac{(V_{SR1} - V_{SL1}\cosh(\gamma_0 L_1))\sinh(\gamma_0 L_2)}{Z_{DM}} \end{bmatrix}$$

$$(6.36)$$

$\begin{bmatrix} \boldsymbol{V}^{(r)}(L) \\ \boldsymbol{I}^{(r)}(L) \end{bmatrix}$ 为模态域下辐照时右端 EUT 的响应矩阵，$\begin{bmatrix} \boldsymbol{V}^{(r)}(0) \\ \boldsymbol{I}^{(r)}(0) \end{bmatrix}$ 为模态域下辐照时左端测试设备的响应矩阵。

通过上述推导，右端 EUT 的响应矩阵为

$$\boldsymbol{V}^{(r)}(L) = \begin{bmatrix} V_{CM}^{(r)}(L) \\ V_{DM}^{(r)}(L) \end{bmatrix} = \boldsymbol{Z}_R\left[\boldsymbol{Z}_R - (\boldsymbol{F} - \boldsymbol{E}\boldsymbol{Z}_L)(\boldsymbol{H} - \boldsymbol{G}\boldsymbol{Z}_L)^{-1}\right]^{-1}\left[\boldsymbol{M}_2 - (\boldsymbol{F} - \boldsymbol{E}\boldsymbol{Z}_L)(\boldsymbol{H} - \boldsymbol{G}\boldsymbol{Z}_L)^{-1}\boldsymbol{N}_2\right]$$

$$(6.37)$$

4. 注入与辐照等效性分析

为了探索注入时的注入电压与辐照时的激励源之间的对应关系，根据前文所述，以右端 EUT 的差模电压相等作为等效判据。即

$$V_{DM}^{(i)}(L) = V_{DM}^{(r)}(L) \tag{6.38}$$

经过计算可得

$$V_S = X_1 X_2 \tag{6.39}$$

其中，

$$X_1 = 4 g_{12} h_{21} Z_{DL} - g_{11} h_{22} Z_{DL} + 2 g_{11} h_{21}\delta_L Z_{DL} - 2 g_{12} h_{22}\delta_L Z_{DL} - g_{12} g_{21} Z_{DL}{}^2 + g_{11} g_{22} Z_{DL}{}^2 +$$
$$g_{12} g_{21}\delta_L{}^2 Z_{DL}{}^2 - g_{11} g_{22}\delta_L{}^2 Z_{DL}{}^2 + h_{11}(4 h_{22} - 4 g_{22} Z_{DL} - 2 g_{21}\delta_L Z_{DL}) - 4 g_{11} h_{22} Z_{G,L} -$$
$$4 g_{12} g_{21} Z_{DL} Z_{G,L} + 4 g_{11} g_{22} Z_{DL} Z_{G,L} + h_{12}(-4 h_{21} + g_{21} Z_{DI} + 2 g_{22}\delta_L Z_{DL} + 4 g_{21} Z_{G,L}) \tag{6.40}$$

$$X_2 = k_7 V_{SL1} + k_8 V_{SR1} +$$

$$\dfrac{(k_{13} V_{SL1} + k_{14} V_{SR1})\begin{pmatrix}(-2 h_{12} + 2 g_{12} Z_{DL} + g_{11}\delta_L Z_{DL})(-4 f_{21} + 2 e_{22}\delta_L Z_{DL} + e_{21}(Z_{DL} + 4 Z_{G,L})) \\ + (2 f_{22} - (2 e_{22} + e_{21}\delta_L)Z_{DL})(-4 h_{11} + 2 g_{12}\delta_L Z_{DL} + g_{11}(Z_{DL} + 4 Z_{G,L}))\end{pmatrix}}{\begin{pmatrix}-2 h_{22} + 2 g_{22} Z_{DL} \\ + g_{21}\delta_L Z_{DL}\end{pmatrix}\begin{pmatrix}-4 h_{11} + 2 g_{12}\delta_L Z_{DL} \\ + g_{11}(Z_{DL} + 4 Z_{G,L})\end{pmatrix} + (2 h_{12} - (2 g_{12} + g_{11}\delta_L)Z_{DL})\begin{pmatrix}-4 h_{21} + 2 g_{22}\delta_L Z_{DL} \\ + g_{21}(Z_{DL} + 4 Z_{G,L})\end{pmatrix}} -$$

$$\frac{\left(\begin{array}{c}k_9 V_{\text{SL1}}+k_{11} V_{\text{SL2}}\\+k_{10}V_{\text{SR1}}+k_{12}V_{\text{SR2}}\end{array}\right)\left(\begin{array}{c}\left(-2h_{22}+2g_{22}Z_{\text{DL}}+g_{21}\delta_{\text{L}}Z_{\text{DL}}\right)\left(-4f_{21}+2e_{22}\delta_{\text{L}}Z_{\text{DL}}+e_{21}\left(Z_{\text{DL}}+4Z_{\text{G,L}}\right)\right)\\+\left(2f_{22}-\left(2e_{22}+e_{21}\delta_{\text{L}}\right)Z_{\text{DL}}\right)\left(-4h_{21}+2g_{22}\delta_{\text{L}}Z_{\text{DL}}+g_{21}\left(Z_{\text{DL}}+4Z_{\text{G,L}}\right)\right)\end{array}\right)}{\left(\begin{array}{c}\left(-2h_{22}+2g_{22}Z_{\text{DL}}+g_{21}\delta_{\text{L}}Z_{\text{DL}}\right)\cdot\\\left(-4h_{11}+2g_{12}\delta_{\text{L}}Z_{\text{DL}}+g_{11}\left(Z_{\text{DL}}+4Z_{\text{G,L}}\right)\right)\end{array}\right)+\left(\begin{array}{c}\left(2h_{12}-\left(2g_{12}+g_{11}\delta_{\text{L}}\right)Z_{\text{DL}}\right)\cdot\\\left(-4h_{21}+2g_{22}\delta_{\text{L}}Z_{\text{DL}}+g_{21}\left(Z_{\text{DL}}+4Z_{\text{G,L}}\right)\right)\end{array}\right)}$$

$$\tag{6.41}$$

观察式(6.41)，X_1、X_2 各项均与右端受试设备的各参数无关，而 $\boldsymbol{E}$、$\boldsymbol{F}$、$\boldsymbol{G}$、$\boldsymbol{H}$ 中的各参量表征的是平行双线的物理量，因此可以判定注入法的激励电压源 V_{S} 与辐照时的源向量 $\boldsymbol{S}_1$、$\boldsymbol{S}_2$ 呈线性关系。

代入实际模型的参数可得

$$V_{\text{S}}=X_3(X_5+X_6)\tag{6.42}$$

$$\begin{aligned}X_3=\frac{1}{Z_1+Z_2+Z_3}\{&2g_{11}h_{21}Z_1Z_2+4g_{12}h_{21}Z_1Z_2-g_{11}h_{22}Z_1Z_2-2g_{12}h_{22}Z_1Z_2-2g_{11}h_{21}Z_1Z_3+\\&4g_{12}h_{21}Z_1Z_3-g_{11}h_{22}Z_1Z_3+2g_{12}h_{22}Z_1Z_3-4g_{11}h_{22}Z_2Z_3-4g_{12}g_{21}Z_1Z_2Z_3+\\&4g_{11}g_{22}Z_1Z_2Z_3+4h_{11}h_{22}(Z_1+Z_2+Z_3)-2h_{11}Z_1\left[g_{21}(Z_2-Z_3)+2g_{22}(Z_2+Z_3)\right]+\\&h_{12}\left[2g_{22}Z_1(Z_2-Z_3)+4g_{21}Z_2Z_3+g_{21}Z_1(Z_2+Z_3)-4h_{21}(Z_1+Z_2+Z_3)\right]\}\end{aligned}\tag{6.43}$$

其中，X_4 是 X_5、X_6 的元素。

$$\begin{aligned}X_4=&\left(2g_{12}Z_1(Z_2-Z_3)+4g_{11}Z_2Z_3+g_{11}Z_1(Z_2+Z_3)-4h_{11}(Z_1+Z_2+Z_3)\right)\left(g_{21}Z_1(Z_2-Z_3)+\right.\\&2g_{22}Z_1(Z_2+Z_3)-2h_{22}(Z_1+Z_2+Z_3))+\left(2g_{22}Z_1(Z_2-Z3)+4g_{21}Z_2Z_3+g_{21}Z_1(Z_2+Z_3)-\right.\\&\left.4h_{21}(Z_1+Z_2+Z_3)\right)\left(2h_{12}(Z_1+Z_2+Z_3)-Z_1(g_{11}(Z_2-Z_3)+2g_{12}(Z_2+Z_3))\right)\end{aligned}\tag{6.44}$$

$$\begin{aligned}X_5=&k_7 V_{\text{SL1}}+k_8 V_{\text{SR1}}+\frac{1}{X_4}((k_{13}V_{\text{SL1}}+k_{14}V_{\text{SR1}})(2e_{22}Z_1(Z_2-Z_3)+4e_{21}Z_2Z_3+e_{21}Z_1(Z_2+Z_3)-\\&4f_{21}(Z_1+Z_2+Z_3))(g_{11}Z_1(Z_2-Z_3)+2g_{12}Z_1(Z_2+Z_3)-2h_{12}(Z_1+Z_2+Z_3))+\\&(2g_{12}Z_1(Z_2-Z_3)+4g_{11}Z_2Z_3+g_{11}Z_1(Z_2+Z_3)-4h_{11}(Z_1+Z_2+Z_3))\cdot\\&(2f_{22}(Z_1+Z_2+Z_3)-Z_1(e_{21}(Z_2-Z_3)+2e_{22}(Z_2+Z_3))))\end{aligned}\tag{6.45}$$

$$\begin{aligned}X_6=&-\frac{1}{X_4}((k_9 V_{\text{SL1}}+k_{11}V_{\text{SL2}}+k_{10}V_{\text{SR1}}+k_{12}V_{\text{SR1}})(2e_{22}Z_1(Z_2-Z_3)+4e_{21}Z_2Z_3+e_{21}Z_1(Z_2+Z_3)-\\&4f_{21}(Z_1+Z_2+Z_3))(g_{21}Z_1(Z_2-Z_3)+2g_{22}Z_1(Z_2+Z_3)-2h_{22}(Z_1+Z_2+Z_3))+\\&(2g_{22}Z_1(Z_2-Z_3)+4g_{21}Z_2Z_3+g_{21}Z_1(Z_2+Z_3)-4h_{21}(Z_1+Z_2+Z_3))\cdot\\&(2f_{22}(Z_1+Z_2+Z_3)-Z_1(e_{21}(Z_2-Z_3)+2e_{22}(Z_2+Z_3))))\end{aligned}\tag{6.46}$$

为简化表达式形式，

$$V_{\text{S}}=H_{\text{PL}}(\gamma_0,L_1,L_2,Z_{\text{CM}},Z_{\text{DM}},Z_{\text{P}}^{\text{CM}},Y_{\text{P}}^{\text{CM}},Z_{\text{P}}^{\text{DM}},Y_{\text{P}}^{\text{DM}},Z_{\text{G,L}},Z_{\text{DL}})E_0\tag{6.47}$$

H_{PL} 为平行双线耦合通道的传递函数，从式(6.39)至式(6.46)也可以看出这个传递函数的表达式极为复杂。但是这个传递函数由平行双线本身的阻抗特性、探头耦合到线缆上的阻抗特性、导纳特性以及左端发射端的阻抗特性决定，与右端 EUT 的阻抗特性无关。在满足左端设备阻抗不变的条件下，大电流单端注入的方法是可以实现线性等效辐照的。工程上左端作为发射端，通常情况下是比较稳定的，其阻抗往往呈低阻状态，不易受外界辐射场强的变化而变化。因此工程中采用将注入激励源线性外推的方法能够实现大电流单端注入等效替代辐照的效应试验。

6.2.2　注入激励电压源获取技术

根据前面的理论分析表明:注入激励源与辐射场强的对应关系与受试设备阻抗无关,因此可以采用变换线缆终端阻抗的方式,以线缆终端响应相等作为等效依据,获取等效注入激励源。可以采取两种方式监测线缆终端响应,一是直接监测线缆终端响应,二是并联监测线缆终端响应,如图 6.9 所示。

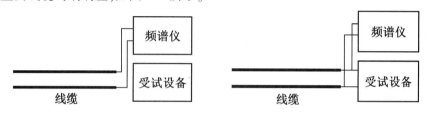

图 6.9　线缆终端负载响应的监测

6.2.3　BCI 等效强场电磁辐射校正技术

校正思路:在等效注入试验时,注入功率补偿辐照试验条件下带探头与不带探头线缆终端响应的差值,如图 6.10 所示。具体校正方法为:首先,获取辐照试验得到有无电流探头终端响应差值 $\Delta(\mathrm{dB}) = U_\mathrm{R}(\mathrm{dBm}) - U_\mathrm{R}'(\mathrm{dBm})$;其次,开展低场强辐照(带电流探头)和注入预试验,建立注入激励源功率与辐射场强的等效关系,确定等效注入功率 P_1;最后,在原有等效注入功率 P_1 的基础上进行补偿 $P_2(\mathrm{dBm}) = P_1(\mathrm{dBm}) - \Delta(\mathrm{dB})$,$P_2$ 即为受试线缆不带注入探头时的等效注入功率。

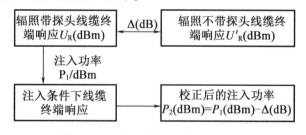

图 6.10　平行双线 BCI 校正流程

试验研究表明:在试验误差要求不高的情况下,400 MHz 以下频点试验可以不用校正。但若要进行 400 MHz 以上频点的注入替代辐照试验,建议进行校正。

6.2.4　平行双线耦合通道大电流注入等效试验方法

平行双线耦合通道大电流注入等效试验方法流程框图如图 6.11 所示,具体步骤如下:

(1)按要求进行试验配置。

(2)开展低场强预试验。首先,在低场强 E_0 辐照条件下,监测线缆终端辐照响应。

然后,在注入条件下调整注入电压源的大小,使得注入条件下线缆终端响应与辐照响应相同,建立注入激励源电压与辐射场强之间的等效关系 $k=V_{S0}/E_0$。

（3）进行高场强外推试验。线缆终端接回原受试设备,将等效注入激励源进行线性外推,即 $V_{S1}=kE_1$,根据工程实际考虑是否需要校正,开展高电平 V_{S1} 注入试验,此时注入激励源 V_{S1} 注入试验等效替代的是高场强 E_1 辐照试验。

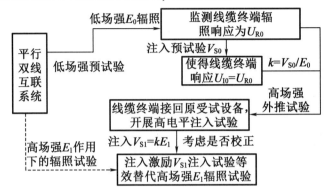

图 6.11　平行双线耦合通道大电流注入等效试验方法流程框图

6.3　非屏蔽多芯线缆耦合 BCI 等效试验技术

多芯线缆特点:线对多,辐照试验不同线对之间可能存在遮挡效应;关注的重点:能否一次试验,不同线对同时实现注入与辐照等效。

6.3.1　非屏蔽多芯线缆耦合响应规律分析

以非屏蔽四芯线缆为受试对象,四根芯线两两为一线对,每一线对终端连接负载,测试终端负载响应之间的关系。该试验主要研究非屏蔽多芯线缆在辐照和注入试验过程中,线缆沿着轴线转动,不同线对终端负载响应是否存在显著变化,即考查非屏蔽多芯线缆在辐照试验过程中不同线对之间是否存在遮挡效应。

试验频率分别为 100 MHz、400 MHz、800 MHz,四根芯线的颜色分别为黄、黑、棕、灰,黄、黑和棕、灰分别组成两个线对,为了使其他因素的影响降至最低,线对两终端均接 50 Ω 负载,采用电光-光电转换、光纤传输方式,分别测试两线对在辐照和注入试验条件下的右端响应,试验配置如图 6.12 和图 6.13 所示,试验结果见表 6.1。

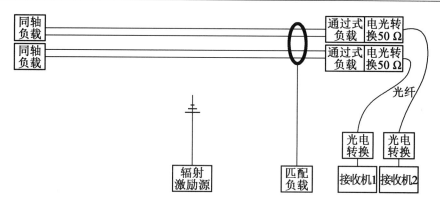

图 6.12 非屏蔽多芯线缆辐照试验配置

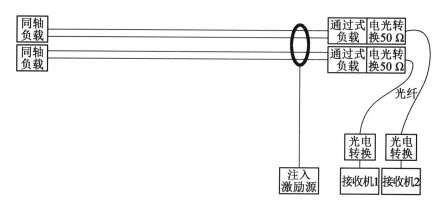

图 6.13 非屏蔽多芯线缆大电流注入试验配置

表 6.1 多芯线缆沿轴线转动辐照与注入终端负载响应试验结果

试验类别	频率/MHz	信号源/dBm	0°		90°		180°		270°		四个角度响应最大差值	
			黄黑/dBm	棕灰/dBm	黄黑/dBm	棕灰/dBm	黄黑/dBm	棕灰/dBm	黄黑/dBm	棕灰/dBm	黄黑/dB	棕灰/dB
辐照试验	100	10	−40.4	−49.7	−41.6	−45.3	−42.5	−42.8	−37.2	−40.0	5.3	9.7
	400	10	−33.9	−51.8	−39.3	−51.7	−45.7	−48.6	−41.5	−48.9	11.8	3.2
	800	10	−50.6	−58.9	−46.8	−58.6	−49.7	−61.5	−53.2	−59.9	6.4	2.9
注入试验	100	10	−17.0	−27.1	−16.7	−27.0	−16.8	−26.7	−18.0	−27.3	1.3	0.6
	400	10	−37.8	−49.6	−36.6	−49.5	−36.1	−53.2	−39.1	−50.3	3.0	3.7
	800	10	−22.3	−36.7	−22.7	−37.6	−23.1	−37.3	−21.6	−36.5	1.5	1.1

备注:0°位置为黄、黑线对在前棕、灰线对在后,其他位置为从右向左看,线缆逆时针旋转角度。

上述结果表明:辐照条件下,线缆不同旋转角度位置,终端负载响应相差较大;不同线对,注入与辐照等效对应关系不同,无法一次试验同时实现等效;拟采取加严等效与严格等效相结合的方法开展试验。

对于多芯线缆而言,其内任意两芯线即构成双线回路,若单纯考核每个双线回路耦合产生的干扰效应,可直接按照平行双线耦合通道的方法开展等效注入试验研究,此时注入与辐射效应试验是严格等效的,下面重点讨论加严等效试验方法。

6.3.2　非屏蔽多芯线缆耦合 BCI 加严等效试验方法

加严等效:注入试验等效的是辐照试验时各芯线对响应的最恶劣情况(响应的包络)。

意义在于:注入试验各芯线对响应均不小于对应的辐射响应,如果加严等效注入试验 EUT 没问题,则对应的辐射试验也没问题,更适合于通过性试验。

严格等效线对选取方法如图 6.14 所示,多芯线缆耦合 BCI 加严等效试验方法具体步骤如下:

(1)按要求进行试验配置。

(2)开展低场强预试验。分别将多芯线缆旋转 0°、90°、180°、270°,记录不同旋转角度终端响应的最大值(包络)。而后开展注入试验,保证多芯线缆中某一线对终端注入响应与辐射响应最大值(包络)相等、其他线对终端注入响应大于辐射响应,从而建立注入激励电压源与辐射场强之间的等效对应关系。

(3)进行高场强外推试验。线缆终端接回原受试设备,将等效注入激励源进行线性外推,即 $V_{S1} = kE_1$,根据工程实际考虑是否需要校正,开展高电平 V_{S1} 注入试验,此时注入激励源 V_{S1} 注入试验等效替代的是高场强 E_1 辐照试验。

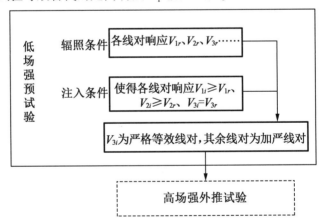

图 6.14　严格等效线对选取方法

6.4　屏蔽多芯线耦合 BCI 等效试验技术

对于屏蔽多芯线缆而言,其相比于前面讨论的非屏蔽线缆,区别主要在于多芯线缆外面包裹了一层屏蔽金属网,起到了一定的电磁干扰屏蔽作用。由于屏蔽多芯线缆与非屏蔽多芯线缆在外界激励作用下(辐射或注入)的耦合响应过程不同,因此,需要重新对其注入与辐射响应过程以及等效性问题进行理论推导、建模和试验验证研究。

6.4.1　注入激励源与外界辐射场强关系推导

对于屏蔽多芯线,其内部还是两两芯线构成一组线对。这样不妨以屏蔽双线为最简单的情况开展研究,这样可以较为直观地找到注入和辐照的对应关系,为屏蔽多芯线中各线对的响应研究打下基础。

如图 6.15 所示,武器装备和屏蔽线缆通常置于导电的地平面上,屏蔽线缆距地面的高度为 h,两个屏蔽设备通过外部阻抗 $Z^{(e)}$ 同地面相连。$Z^{(i)}$ 为设备两端的内部阻抗。$I_S(x)$、$Q_S(x)$ 和 $V_S(x)$ 为屏蔽多芯线表面的分布电流、电荷和电压。上角标 (e) 表示外部传输线的相关参量,上角标 (i) 表示内部传输线的相关参量。

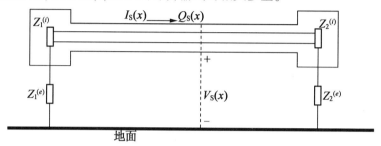

图 6.15　屏蔽线互联系统示意图

求屏蔽线内部负载响应的问题,可以分解成两个独立的传输线问题:第一个是外部问题,入射平面波或者注入激励电压源相当于激励源,电缆屏蔽体上产生的电流(或者电压)是响应;另一个是内传输线问题,线缆屏蔽层和芯线之间存在转移阻抗和转移导纳,感应皮电流会通过转移阻抗和转移导纳的作用在芯线上形成分布激励源,并在线缆终端形成内传输线的共模响应,最终由于线缆终端的不平衡性,共模干扰信号转化为终端设备的差模响应。关注的是屏蔽设备 1 内的 $V_1^{(i)}$ 和 $I_1^{(i)}$ 及屏蔽设备 2 内的 $V_2^{(i)}$ 和 $I_2^{(i)}$。

确定内部负载响应的方法是:

首先采用 BLT 方程、链路参数理论,推导出外部传输线上的分布电流和分布电压的表达式。然后利用转移阻抗和转移导纳求出内激励源的表达式,再使用 BLT 方程、网络模态域分析的方法确定内部差模响应。

针对屏蔽线的自身结构及电磁特性,如果屏蔽层性能良好,内传输线的注入等效电路可以不考虑电流探头的影响,即无 π 型电路。根据之前的研究结果,注入与辐照试验线性外推(由低场强外推至高场强)后严格等效,需要满足两个条件:一是注入与辐照无源等效电路模型要相同;二是注入激励源与辐射场强为线性变化关系。根据第一个等效条件,在内传输线辐照等效电路中无 π 型电路,也就是辐照试验没有注入探头。对于第二个等效条件,注入激励源与辐射场强是否满足线性变化关系,同时这一关系与哪些因素有关,关系到屏蔽线耦合连续波 BCI 方法能否等效强场辐照效应试验,这是需要通过理论建模来重点解决的关键问题。

1. 注入条件 EUT 响应推导

（1）外部传输线。

注入条件下屏蔽线外部的等效传输线模型如图 6.16 所示。V_S 为耦合到屏蔽线外皮上的电压源，Z_P 为耦合到屏蔽线外皮上的阻抗，Y_P 为耦合到屏蔽线外皮上的导纳。电流探头左端屏蔽线的长度为 L_1，电源探头右端屏蔽线的长度为 L_2。$V^{(I)}$ 和 $I^{(I)}$ 分别代表屏蔽线外部某一位置的电压和电流。

$$V^{(I)}(0) = -Z_1^{(e)} I^{(I)}(0) \tag{6.48}$$

$$V^{(I)}(L) = Z_2^{(e)} I^{(I)}(L) \tag{6.49}$$

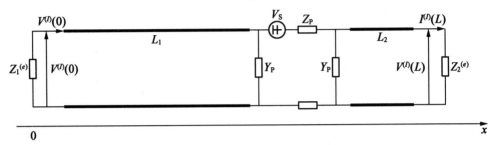

图 6.16　注入条件下屏蔽线外部等效传输线模型

由电路理论，可得

$$I^{(I)}(0) = k_1 V_S \tag{6.50}$$

$$I^{(I)}(L) = k_2 V_S \tag{6.51}$$

式中，k_1 和 k_2 是 V_S 前的系数，其具体表达如下

$$I^{(I)}(0) = k_1 V_S$$

$$= V_S \frac{\left(-1 - Z_C^{(e)} + \left(-1 + Z_C^{(e)}\right)\cosh\left(2\gamma^{(e)} L_1\right)\right)\begin{pmatrix}\left(1 + Y_P Z_2^{(e)}\right)\cosh\left(\gamma^{(e)} L_2\right) \\ + \left(Z_2^{(e)} + Y_P Z_C^{(e)}\right)\sinh\left(\gamma^{(e)} L_2\right)\end{pmatrix}}{2\left(\begin{array}{l}\cosh\left(\gamma^{(e)} L_1\right)\left(\begin{pmatrix}Z_1^{(e)} + Z_2^{(e)} + Z_P + Y_P Z_2^{(e)} Z_P \\ + Y_P^2 Z_1^{(e)} Z_2^{(e)} Z_P + Y_P Z_1^{(e)}\left(2Z_2^{(e)} + Z_P\right)\end{pmatrix}\cosh\left(\gamma^{(e)} L_2\right) + \begin{pmatrix}Z_C^{(e)} + Z_2^{(e)} Z_P + Y_P Z_C^{(e)} Z_P \\ + Z_1^{(e)}\left(Z_2^{(e)} + Y_P Z_2^{(e)} Z_P + Y_P Z_C^{(e)}\left(2 + Y_P Z_P\right)\right)\end{pmatrix}\sinh\left(\gamma^{(e)} L_2\right)\right) \\ + \sinh\left(\gamma^{(e)} L_1\right)\left(\begin{pmatrix}Z_C^{(e)} + Y_P^2 Z_2^{(e)} Z_C^{(e)} Z_P + Y_P Z_C^{(e)}\left(2Z_2^{(e)} + Z_P\right) \\ + Z_1^{(e)}\left(Z_2^{(e)} + Z_P + Y_P Z_2^{(e)} Z_P\right)\end{pmatrix}\cosh\left(\gamma^{(e)} L_2\right) + \begin{pmatrix}Z_1^{(e)}\left(Z_C^{(e)} + Z_2^{(e)} Z_P + Y_P Z_C^{(e)} Z_P\right) + \\ Z_C^{(e)}\left(Z_2^{(e)} + Y_P Z_2^{(e)} Z_P + Y_P Z_C^{(e)}\left(2 + Y_P Z_P\right)\right)\end{pmatrix}\sinh\left(\gamma^{(e)} L_2\right)\right)\end{array}\right)} \tag{6.52}$$

$$I^{(I)}(L) = k_2 V_S$$

$$= -V_S \frac{(1+Y_P Z_1^{(e)})\cosh(\gamma^{(e)} L_1) + (Z_1^{(e)} + Y_P Z_C^{(e)})\sinh(\gamma^{(e)} L_1)}{\begin{aligned} &\cosh(\gamma^{(e)} L_1)\left(\begin{pmatrix} Z_1^{(e)} + Z_2^{(e)} + Z_P + Y_P Z_2^{(e)} Z_P \\ + Y_P^2 Z_1^{(e)} Z_2^{(e)} Z_P + Y_P Z_1^{(e)}(2Z_2^{(e)} + Z_P) \end{pmatrix}\cosh(\gamma^{(e)} L_2) \right. \\ &\qquad \left. + \begin{pmatrix} Z_C^{(e)} + Z_2^{(e)} Z_P + Y_P Z_C^{(e)} Z_P \\ + Z_1^{(e)}(Z_2^{(e)} + Y_P Z_2^{(e)} Z_P + Y_P Z_C^{(e)}(2 + Y_P Z_P)) \end{pmatrix}\sinh(\gamma^{(e)} L_2)\right) \\ &+ \sinh(\gamma^{(e)} L_1)\left(\begin{pmatrix} Z_C^{(e)} + Y_P^2 Z_2^{(e)} Z_C^{(e)} Z_P + Y_P Z_C^{(e)}(2Z_2^{(e)} + Z_P) \\ + Z_1^{(e)}(Z_2^{(e)} + Z_P + Y_P Z_2^{(e)} Z_P) \end{pmatrix}\cosh(\gamma^{(e)} L_2) \right. \\ &\qquad \left. + \begin{pmatrix} Z_1^{(e)}(Z_C^{(e)} + Z_2^{(e)} Z_P + Y_P Z_C^{(e)} Z_P) + \\ Z_C^{(e)}(Z_2^{(e)} + Y_P Z_2^{(e)} Z_P + Y_P Z_C^{(e)}(2 + Y_P Z_P)) \end{pmatrix}\sinh(\gamma^{(e)} L_2)\right) \end{aligned}} \tag{6.53}$$

通过链路参数可得,屏蔽线外皮的感应电流 $V_S^{(I)}$ 和感应电压 $I_S^{(I)}$:

$$V_S^{(I)}(x) = \begin{cases} k_3 V_S \cosh(\gamma^{(e)} x) - k_1 V_S Z_C^{(e)} \sinh(\gamma^{(e)} x) & 0 < x < L_1 \\ k_4 V_S \cosh(\gamma^{(e)}(L_1 + L_2 - x)) + k_2 V_S Z_C^{(e)} \sinh(\gamma^{(e)}(L_1 + L_2 - x)) & L_1 < x < L_1 + L_2 \end{cases} \tag{6.54}$$

$$I_S^{(I)}(x) = \begin{cases} k_1 V_S \cosh(\gamma^{(e)} x) - \dfrac{k_3 V_S}{Z_C^{(e)}} \sinh(\gamma^{(e)} x) & 0 < x < L_1 \\ k_2 V_S \cosh(\gamma^{(e)}(L_1 + L_2 - x)) + \dfrac{k_4 V_S}{Z_C^{(e)}} \sinh(\gamma^{(e)}(L_1 + L_2 - x)) & L_1 < x < L_1 + L_2 \end{cases} \tag{6.55}$$

式中, $k_3 = -k_1 Z_1^{(e)}$; $k_4 = k_2 Z_2^{(e)}$; $Z_C^{(e)}$ 为外部传输线的特性阻抗; $\gamma^{(e)}$ 为外传输线传播常数。

(2)内激励源。

设内部的两条芯线与外屏蔽层的位置关系及性质相同,即转移阻抗 Z_t' 和转移导纳 Y_t' 相同。电缆内传输线的激励可由分布电压源 $V_{si}' = Z_t' I_S$ 和电流源 $I_{si}' = -Y_t' V_S$ 得到

$$I_{si}'^{(I)}(x) = \begin{cases} -Y_t'(k_3 V_S \cosh(\gamma^{(e)} x) - k_1 V_S Z_C^{(e)} \sinh(\gamma^{(e)} x)) & 0 < x < L_1 \\ -Y_t'(k_4 V_S \cosh(\gamma^{(e)}(L_1 + L_2 - x)) + k_2 V_S Z_C^{(e)} \sinh(\gamma^{(e)}(L_1 + L_2 - x))) & L_1 < x < L_1 + L_2 \end{cases} \tag{6.56}$$

$$V_{si}'^{(I)}(x) = \begin{cases} Z_t'\left(k_1 V_S \cosh(\gamma^{(e)} x) - \dfrac{k_3 V_S}{Z_C^{(e)}} \sinh(\gamma^{(e)} x)\right) & 0 < x < L_1 \\ Z_t'\left(k_2 V_S \cosh(\gamma^{(e)}(L_1 + L_2 - x)) + \dfrac{k_4 V_S}{Z_C^{(e)}} \sinh(\gamma^{(e)}(L_1 + L_2 - x))\right) & L_1 < x < L_1 + L_2 \end{cases} \tag{6.57}$$

（3）内负荷响应。

用内传输线的适当参数进行积分,使用 BLT 方程,就可以确定内负荷电流和电压响应。此时,屏蔽线内传输线的源 S_1、S_2 为

$$S_1 = \frac{1}{2} \int_0^L e^{\gamma^{(i)} x_s} [V'_{si}(x_s) + Z_C^{(i)} I'_{si}(x_s)] \, dx_s \tag{6.58}$$

$$S_2 = -\frac{1}{2} \int_0^L e^{\gamma^{(i)}(L-x_s)} [V'_{si}(x_s) + Z_C^{(i)} I'_{si}(x_s)] \, dx_s \tag{6.59}$$

通过计算可得

$$S_1^{(I)} = \eta_1 V_S$$

$$= \frac{V_S}{2(\gamma^{(i)}+\gamma^{(e)})(\gamma^{(i)}-\gamma^{(e)})Z_C^{(e)}} (m_1 - m_1 e^{\gamma^{(i)}L_1}\cosh(\gamma^{(e)}L_1) + m_1 e^{\gamma^{(i)}L_1}\sinh(\gamma^{(e)}L_1) +$$

$$e^{\gamma^{(i)}L_1} Z_C^{(e)}(-m_2^2 e^{\gamma^{(i)}L_2}\cosh(\gamma^{(e)}L_2) + m_2\sinh(\gamma^{(e)}L_2))) \tag{6.60}$$

$$S_2^{(I)} = \eta_2 V_S$$

$$= -\frac{V_S}{2(\gamma^{(i)}+\gamma^{(e)})(\gamma^{(i)}-\gamma^{(e)})Z_C^{(e)}} (e^{\gamma^{(i)}L_1} n_1 - n_1\cosh(\gamma^{(e)}L_1) + n_1\sinh(\gamma^{(e)}L_1)) -$$

$$\frac{e^{-\gamma^{(i)}L_1} V_S}{2(\gamma^{(i)}+\gamma^{(e)})(\gamma^{(i)}-\gamma^{(e)})} (n_2 - n_2 e^{\gamma^{(i)}L_2}\cosh(\gamma^{(e)}L_2) + n_2 e^{\gamma^{(i)}L_2}\sinh(\gamma^{(e)}L_2)) \tag{6.61}$$

m_1、m_2、n_1、n_2 的具体表达式如下,$\gamma^{(i)}$ 是内传输线传播常数。

$$m_1 = k_3\gamma^{(i)} Y'_t Z_C^{(e)} Z_C^{(i)} + k_1\gamma^{(e)} Y'_t Z_C^{(e)2} Z_C^{(i)} - k_3\gamma^{(e)} Z'_t - k_1\gamma^{(i)} Z_C^{(e)} Z'_t \tag{6.62}$$

$$m_2 = k_4\gamma^{(i)} Y'_t Z_C^{(i)} + k_2\gamma^{(e)} Y'_t Z_C^{(e)} Z_C^{(i)} - k_4\gamma^{(e)} Z'_t - k_2\gamma^{(i)} Z'_t \tag{6.63}$$

$$n_1 = k_3(\gamma^{(i)} Y'_t Z_C^{(i)} Z_C^{(e)} + \gamma^{(e)} Z'_t) - k_1 Z_C^{(e)}(\gamma^{(e)} Y'_t Z_C^{(e)} Z_C^{(i)} + \gamma^{(i)} Z'_t) \tag{6.64}$$

$$n_2 = k_4\gamma^{(i)} Y'_t Z_C^{(i)} - k_2\gamma^{(e)} Y'_t Z_C^{(e)} Z_C^{(i)} + k_4\gamma^{(e)} Z'_t - k_2\gamma^{(i)} Z'_t \tag{6.65}$$

由于探究的是终端响应情况,因此可以将芯线上的转化分布源等效成两端的集总源 $V_{SL}^{(I)}$、$V_{SR}^{(I)}$,注入条件屏蔽线内部响应求解模型如图 6.17 所示,两芯线与屏蔽线外皮分别构成共模回路,两芯线构成差模回路。每根芯线与屏蔽线外皮构成了共模回路,共模回路等效模型中的 $V_{SL}^{(I)}$、$V_{SR}^{(I)}$ 组成的集总源向量可转换 $\Phi_W(L_1+L_2)$ 为左端的源向量 $F_W^{(I)}$。

$$F_W^{(I)} = (V_{SL}^{(I)} - \cosh(\gamma^{(i)}(L_1+L_2)) V_{SR}^{(I)} \quad -\sinh(\gamma^{(i)}(L_1+L_2)) Z_C^{-1} V_{SR}^{(I)})^T \tag{6.66}$$

$$V_{SL}^{(I)} = \frac{2(S_1^{(R)} + e^{\gamma^{(i)}(L_1+L_2)} S_2^{(R)})}{e^{2\gamma^{(i)}(L_1+L_2)} - 1} = \frac{2V_S(\eta_1 + e^{\gamma^{(i)}(L_1+L_2)}\eta_2)}{e^{2\gamma^{(i)}(L_1+L_2)} - 1} = \eta_3 V_S \tag{6.67}$$

$$V_{SR}^{(I)} = \frac{2(e^{\gamma^{(i)}(L_1+L_2)} S_1^{(R)} + S_2^{(R)})}{e^{2\gamma^{(i)}(L_1+L_2)} - 1} = \frac{2V_S(\eta_2 + e^{\gamma^{(i)}(L_1+L_2)}\eta_1)}{e^{2\gamma^{(i)}(L_1+L_2)} - 1} = \eta_4 V_S \tag{6.68}$$

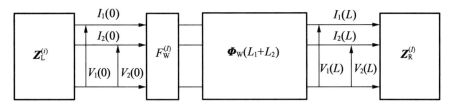

图 6.17　注入条件屏蔽线内部电路模型

则注入条件下右端 EUT 的响应矩阵为

$$\begin{pmatrix} \boldsymbol{V}^{(I)}(L) \\ \boldsymbol{I}^{(I)}(L) \end{pmatrix} = \boldsymbol{\Phi}_{\mathrm{W}}^{(i)}(L_1+L_2) \begin{pmatrix} \boldsymbol{V}^{(I)}(0) \\ \boldsymbol{I}^{(I)}(0) \end{pmatrix} - \boldsymbol{\Phi}_{\mathrm{W}}^{(i)}(L_1+L_2) \boldsymbol{F}_{\mathrm{W}}^{(I)} = \begin{pmatrix} \boldsymbol{A} & \boldsymbol{B} \\ \boldsymbol{C} & \boldsymbol{D} \end{pmatrix} \begin{pmatrix} -\boldsymbol{Z}_{\mathrm{L}}^{(i)} \boldsymbol{I}^{(I)}(0) \\ \boldsymbol{I}^{(I)}(0) \end{pmatrix} + \begin{pmatrix} \boldsymbol{M}_3 \\ \boldsymbol{N}_3 \end{pmatrix}$$

$$(6.69)$$

$\boldsymbol{\Phi}_{\mathrm{W}}^{(i)}(L_1+L_2)$ 为屏蔽线内部芯线传输矩阵,表达式的形式同式(6.16)。$\begin{pmatrix} \boldsymbol{V}^{(I)}(L) \\ \boldsymbol{I}^{(I)}(L) \end{pmatrix}$ 为

注入条件下屏蔽多芯线内部右端 EUT 的模态域响应矩阵。$\begin{pmatrix} \boldsymbol{V}^{(I)}(0) \\ \boldsymbol{I}^{(I)}(0) \end{pmatrix}$ 为注入条件下屏蔽

多芯线左端测试设备的模态域响应矩阵。

右端 EUT 的响应矩阵为

$$\boldsymbol{V}^{(I)}(L) = \begin{pmatrix} V_{\mathrm{CM}}^{(I)}(L) \\ V_{\mathrm{DM}}^{(I)}(L) \end{pmatrix}$$

$$= \boldsymbol{Z}_{\mathrm{R}}^{(i)} \big[\boldsymbol{Z}_{\mathrm{R}}^{(i)} - (\boldsymbol{B} - \boldsymbol{A} \boldsymbol{Z}_{\mathrm{L}}^{(i)})(\boldsymbol{D} - \boldsymbol{C} \boldsymbol{Z}_{\mathrm{L}}^{(i)})^{-1} \big]^{-1} \big[\boldsymbol{M}_3 - (\boldsymbol{B} - \boldsymbol{A} \boldsymbol{Z}_{\mathrm{L}}^{(i)})(\boldsymbol{D} - \boldsymbol{C} \boldsymbol{Z}_{\mathrm{L}}^{(i)})^{-1} N_3 \big]$$

$$(6.70)$$

2. 辐照条件 EUT 响应推导

求屏蔽线外的分布电流和分布电压可以通过 Agrawal 模型进行分析计算。首先需要确定屏蔽多芯线外部传输线的电流和电荷密度。如图 6.18 所示,屏蔽层与地面构成了传输线结构,两个屏蔽设备外壳的对地阻抗分别为 $Z_1^{(e)}$、$Z_2^{(e)}$。

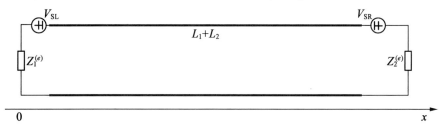

图 6.18　辐照条件下屏蔽线外部传输线模型

设辐照条件下屏蔽线内传输线的源为 $S_1^{(\mathrm{R})}$、$S_2^{(\mathrm{R})}$,计算过程中并没有右端 EUT 阻抗的参与,该过程为线性过程。因此,$S_2^{(\mathrm{R})}$、$S_1^{(\mathrm{R})}$ 与场强大小 E_0 呈线性关系。

$$S_1^{(\mathrm{R})} = a_1 E_0 \qquad\qquad (6.71)$$

$$S_2^{(\mathrm{R})} = a_2 E_0 \tag{6.72}$$

根据共差模的定义,同注入条件类似,可以将各矩阵写成模态域条件下的。右端的响应矩阵计算过程为

$$\begin{pmatrix} \boldsymbol{V}^{(\mathrm{R})}(L) \\ \boldsymbol{I}^{(\mathrm{R})}(L) \end{pmatrix} = \boldsymbol{\Phi}_{\mathrm{W}}(L_1+L_2) \begin{pmatrix} \boldsymbol{V}^{(\mathrm{R})}(0) \\ \boldsymbol{I}^{(\mathrm{R})}(0) \end{pmatrix} - \boldsymbol{\Phi}_{\mathrm{W}}(L_1+L_2) \boldsymbol{F}_{\mathrm{W}}^{(\mathrm{R})} = \begin{pmatrix} \boldsymbol{A} & \boldsymbol{B} \\ \boldsymbol{C} & \boldsymbol{D} \end{pmatrix} \begin{pmatrix} -\boldsymbol{Z}_{\mathrm{L}}^{(i)} \boldsymbol{I}^{(\mathrm{R})}(0) \\ \boldsymbol{I}^{(\mathrm{R})}(0) \end{pmatrix} + \begin{pmatrix} \boldsymbol{M}_4 \\ \boldsymbol{N}_4 \end{pmatrix}$$

$$\tag{6.73}$$

$$\boldsymbol{V}^{(\mathrm{R})}(L) = \boldsymbol{Z}_{\mathrm{R}}^{(i)} \boldsymbol{I}^{(\mathrm{R})}(L) \tag{6.74}$$

$$\boldsymbol{V}^{(\mathrm{R})}(0) = -\boldsymbol{Z}_{\mathrm{L}}^{(i)} \boldsymbol{I}^{(\mathrm{R})}(0) \tag{6.75}$$

式中,$\begin{pmatrix} \boldsymbol{V}^{(\mathrm{R})}(L) \\ \boldsymbol{I}^{(\mathrm{R})}(L) \end{pmatrix}$ 为辐照条件下屏蔽多芯线内部右端 EUT 的模态域响应矩阵;

$\begin{pmatrix} \boldsymbol{V}^{(\mathrm{R})}(0) \\ \boldsymbol{I}^{(\mathrm{R})}(0) \end{pmatrix}$ 为辐照条件下屏蔽多芯线左端测试设备的模态域响应矩阵。

通过计算,辐照条件下右端 EUT 的响应矩阵为

$$\boldsymbol{V}^{(\mathrm{R})}(L) = \begin{pmatrix} V_{\mathrm{CM}}^{(\mathrm{R})}(L) \\ V_{\mathrm{DM}}^{(\mathrm{R})}(L) \end{pmatrix}$$

$$= \boldsymbol{Z}_{\mathrm{R}}^{(i)} \left[\boldsymbol{Z}_{\mathrm{R}}^{(i)} - (\boldsymbol{B} - \boldsymbol{A}\boldsymbol{Z}_{\mathrm{L}}^{(i)})(\boldsymbol{D} - \boldsymbol{C}\boldsymbol{Z}_{\mathrm{L}}^{(i)})^{-1} \right]^{-1} \left[\boldsymbol{M}_4 - (\boldsymbol{B} - \boldsymbol{A}\boldsymbol{Z}_{\mathrm{L}}^{(i)})(\boldsymbol{D} - \boldsymbol{C}\boldsymbol{Z}_{\mathrm{L}}^{(i)})^{-1} \boldsymbol{N}_4 \right]$$

$$\tag{6.76}$$

3. BCI 等效替代辐照可行性分析

以屏蔽线内部的右端 EUT 差模响应相等作为等效依据,即 $V_{\mathrm{CM}}^{(I)}(L) = V_{\mathrm{CM}}^{(\mathrm{R})}(L)$,可得 $\boldsymbol{M}_3 - (\boldsymbol{B} - \boldsymbol{A}\boldsymbol{Z}_{\mathrm{L}}^{(i)})(\boldsymbol{D} - \boldsymbol{C}\boldsymbol{Z}_{\mathrm{L}}^{(i)})^{-1} \boldsymbol{N}_3$ 与 $\boldsymbol{M}_4 - (\boldsymbol{B} - \boldsymbol{A}\boldsymbol{Z}_{\mathrm{L}}^{(i)})(\boldsymbol{D} - \boldsymbol{C}\boldsymbol{Z}_{\mathrm{L}}^{(i)})^{-1} \boldsymbol{N}_4$ 第二行的元素相等即可。

通过计算可得,需要满足 $V_{\mathrm{SR}}^{(I)} = V_{\mathrm{SR}}^{(\mathrm{R})}$,就可以使屏蔽线内部右端 EUT 得差模响应相等。即

$$V_{\mathrm{S}} = \frac{a_2 + \mathrm{e}^{\gamma^{(i)}(L_1+L_2)} a_1}{\eta_2 + \mathrm{e}^{\gamma^{(i)}(L_1+L_2)} \eta_1} E_0 \tag{6.77}$$

式中,a_1 和 a_2 为辐照条件下内传输线源 S_1、S_2 与辐射场强 E 之间的比例系数;η_1 和 η_2 为注入条件下内传输线的源 S_1、S_2 与注入电压源 V_{S} 之间的比例系数。

式(6.77)中涉及许多参量:屏蔽线内部和外部传输线的特性阻抗、探头耦合到屏蔽线外部的加载阻抗和加载导纳、左右两端 EUT 的对地阻抗,静电屏蔽泄漏常数,但是唯独没有屏蔽线内部左右两端设备的阻抗的相关参数。而左右两端 EUT 的对地阻抗在实际工程中大多为设备外壳到地面的阻抗,通常表现为电容,在 EUT 距离地面高度一定的前提下,电容值发生变化的概率很低,可以认为阻抗是十分稳定的。由于辐照条件下场线耦合的过程是线性的,通过式(6.77)计算之后,可以得出注入条件的激励电压源 V_{S} 和辐照条件下的场强大小 E_0 的对应关系是线性的。正是因为这种对应关系与屏蔽线内部 EUT 阻抗特性无关,因此即使是屏蔽线内部 EUT 的阻抗发生了非线性变化,也没有影响到等

效注入激励电压源 V_s 和辐照条件下的场强大小 E_0 的对应关系。

综上所述,屏蔽线耦合通道连续波 BCI 等效强场电磁辐射试验的思路具有理论上的可行性,可以解决实际工程中的问题;电流探头的注入激励电压源与辐照场强呈线性关系,并且这种关系与线缆两端 EUT 的阻抗特性无关。理论推导过程中,辐照条件下的线缆并没有卡入电流探头,因此屏蔽线耦合通道的 BCI 等效强场辐照试验方法不需要校正。

6.4.2　屏蔽多芯线耦合响应规律分析

为简便而又不失一般性,选取屏蔽四芯线缆为受试对象,两两芯线为一线对,开展试验研究。该试验主要研究屏蔽多芯线缆在辐照和注入试验过程中,线缆沿着轴线转动,不同线对终端负载响应是否存在显著变化,即考查屏蔽多芯线缆在辐照试验过程中不同线对之间是否存在遮挡效应,试验配置与图 6.12、图 6.13 基本一致。

由表 6.2 中的试验数据可以看出:屏蔽线缆沿轴线转动,不同角度位置辐照(注入)终端负载响应试验结果相差较小,最大相对误差为 1.1 dB,即对于屏蔽多芯线缆而言,各芯线辐照时的遮挡效应不明显。

表 6.2　屏蔽线缆沿轴线转动辐照(注入)终端负载响应试验结果

线缆位置	辐射功率/dBm	红黄响应/dBm	蓝绿响应/dBm	注入功率/dBm	红黄响应/dBm	蓝绿响应/dBm	备注
0°	0	−34.3	−42.6	−3	−34.9	−41.3	线缆 0°位置为红黄线在前,蓝绿线在后,其他位置为从右向左看,线缆为逆时针旋转角度
90°	0	−33.6	−41.5	−3	−34.8	−40.4	
180°	0	−34.2	−41.6	−3	−34.8	−40.6	
270°	0	−34.6	−42.2	−3	−34.5	−40.6	
四个角度响应最大差值/dB	−	1.0	1.1	−	0.4	0.9	

上述结果表明:屏蔽层上的分布源、屏蔽层到芯线的转移阻抗与线缆受辐照状态关系不大,在寻找辐照最严酷的响应状态时,可以减少线缆旋转的次数。不同芯线对,注入与辐照等效对应关系不完全精确相同,但差别要比非屏蔽线小得多,一次性大电流注入各芯线对完全与辐照等效的试验方法,后续有待进一步研究。

6.4.3　屏蔽多芯线耦合通道大电流注入等效试验方法

平行双线耦合通道大电流注入等效试验方法流程框图如图 6.19 所示,具体步骤如下:

(1)按要求进行试验配置。

(2)开展低场强预试验。在低场强 E_0 辐照条件下,监测线缆严格等效试验线对的终端辐照响应。然后,注入条件下调整注入电压源的大小,使得注入条件下严格等效试验线对终端响应与辐照响应完全相同,建立注入激励源电压与辐射场强之间的等效关系 $k = V_{S0}/E_0$。

（3）进行高场强外推试验。线缆终端接回原受试设备,将等效注入激励源进行线性外推,即 $V_{S1} = kE_1$,开展高电平 V_{S1} 注入试验,此时注入激励源 V_{S1} 注入试验等效替代的是高场强 E_1 辐照试验。

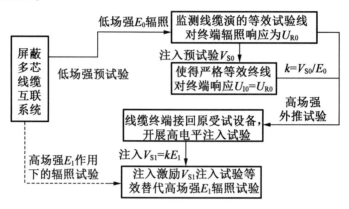

图 6.19　平行双线耦合通道大电流注入等效试验方法流程框图

6.5　大电流注入等效辐照效应试验方法有效性验证

6.5.1　典型通信电台干扰效应试验验证

为验证大电流注入等效试验方法在实际装备上应用的可行性,选取某型通信电台作为受试对象,在电磁辐射试验中,电台电源与主机之间的电源线会耦合外界电磁干扰信号,在一定的干扰强度下,受试电台会出现重启效应。在等效注入试验中,以受试电台出现重启效应对应的临界干扰场强（注入试验时得到的是等效临界干扰场强）为依据,判断线缆耦合通道等效注入试验方法的准确性。

为验证不同线缆耦合途径下等效注入方法的有效性,分别选用平行双线和屏蔽多芯线缆作为电源线,通信电台 BCI 注入等效替代辐照试验配置框图如图 6.20 所示。试验在电波暗室内开展,电磁辐射试验时,发射天线放置于电源线前方,采用水平极化方式。在低场强辐照及其等效注入试验中,需要获取注入电压与辐射场强之间的等效对应关系,而受试电台没有可监测响应的内部端口,为解决这一问题,采取的方法是:在线缆电源端以并联光电转换模块的方式测试电源的端口响应,以辐照和注入试验并联光电转换模块后的电源端口响应相等作为等效依据获取上述等效对应关系。采取上述方法的依据是,根据理论推导可知,场强和注入电压的等效关系与终端设备阻抗无关,因此,虽然并联接入接收机将改变终端设备阻抗,但理论上不会导致试验误差增大。具体的试验方法如下:首先,开展大电流注入预试验,监测受试线缆耦合通道的终端响应,选定终端响应相对较大的注入位置,并保持在该频率下试验注入探头位置不变;其次,进行低场强下的辐照效应试验,选取某一特定频点,对受试通信电台的线缆耦合通道进行辐照试验,记录此频点下线缆终端的端口响应;第三,开展等效注入试验,调整信号源及功放的输出功率,使得线缆终端响应与辐照时保持一致,计算注入功率与辐射场强之间的等效对应关系(系数为 k);第四,开展强场辐照效应试验,不断增大辐射干扰场强,使 EUT 出现干扰(以电台重启或电源电压降低作为干扰判据),记录此时的临界辐射干扰场强 E_H;第五,对 EUT 进行大电流注入试验,获取 EUT 大电流注入临界干扰功率值 P_H,根据最初得到的注入功率与辐射场强之间的等效对应关系,通过计算得到大电流注入等效的辐射临界干扰场强 E_H';第五,E_H' 和 E_H 之间的差值即为大电流注入与辐射效应试验方法的相对误差。更换试验频点、更换受试低频线缆(平行双线和屏蔽多芯线两类线缆)重复上述试验过程。

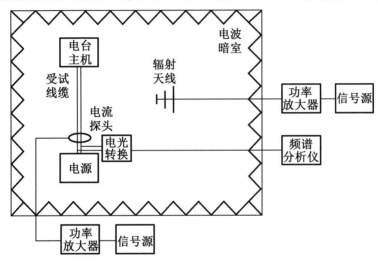

图 6.20　通信电台 BCI 注入等效替代辐照试验配置图

　　根据上述试验方法试验,得到平行双线和屏蔽多芯线作为电源线的试验结果分别见表 6.3 和表 6.4,可以看出:屏蔽多芯线缆耦合通道等效注入试验结果的准确性优于平行双线耦合通道试验结果,大部分频点等效注入试验方法的试验误差小于 3 dB,最大试验误差为 3.6 dB,上述试验结果验证了大电流注入等效辐照效应试验方法在实装上应用的可行性。

表6.3　某型通信电台平行双线BCI注入等效替代辐照试验结果

序号	干扰频率 /MHz	低场强预先试验								高场强外推试验								注入与辐射试验相对误差 $\eta=\|E_H-E'_H\|/dB$
		辐照试验				注入试验			等效对应关系系数 $k=E_L-P_L$	辐照试验				注入试验			效应现象	
		前向功率 /dBm	反向功率 /dBm	辐射场强 /Vm⁻¹	辐射场强 E_L /dBVm⁻¹	前向功率 P_L /dBm	反向功率 /dBm	线缆终端响应 /dBm		前向功率 /dBm	反向功率 /dBm	干扰场强临界值 /Vm⁻¹	干扰场强临界值 E_H /dBVm⁻¹	前向功率 P_H /dBm	反向功率 /dBm	等效干扰场强临界值 $E'_H=P_H+k$ /dBVm⁻¹		
1	70	33	27.2	6.64	16.44	27.1	14.8	-32.76	-10.66	47.7	42	30.7	29.74	44	32.1	33.34	电源电压下降 0.3 V	3.60
2	110	31.65	22.26	5.03	14.03	16.9	0.4	-28.66	-2.87	55.2	45.88	71.8	37.12	43.5	25.6	40.63	电台重启	3.51
3	130	27.3	20.6	5.12	14.19	20	4.7	-27.1	-5.81	53.41	46.6	105.3	40.45	42.9	27.1	37.09	电台重启	3.36
4	150	28.4	10.1	5.04	14.05	13.5	-7.8	-29.02	0.55	54.06	34.4	94.6	39.52	40.3	20	40.85	电台重启	1.33
5	170	25.9	13.4	5.96	15.50	16.1	7.9	-3.78	-0.60	53.45	39.74	154.8	43.80	41.55	32.59	40.95	电台重启	2.84
6	350	39.32	28.6	9.48	19.54	25.86	21.94	-13.2	-6.32	57.41	45.83	74.36	37.43	40.9	36.89	34.54	电台重启	2.89
7	370	37.64	26.25	9.22	19.29	25.9	20.76	-13.32	-6.61	52.3	39.3	49.37	33.87	40.32	35.1	33.71	电台重启	0.15
8	400	42.43	29.7	8.53	18.62	28.63	23.24	-13	-10.01	55.7	42.2	37.9	31.57	41.02	35.59	31.01	电台重启	0.56

表 6.4　某型通信电台屏蔽多芯线 BCI 注入等效替代辐照试验结果

序号	干扰频率 /MHz	低场强预先试验							等效对应关系系数 $k = E_L - P_L$ /dBm	高场强外推试验							效应现象	注入与辐射试验相对误差 $\eta = \|E_H - E'_H\|$ /dB
		辐照试验				注入试验				辐照试验				注入试验				
		前向功率 /dBm	反向功率 /dBm	辐射场强 /Vm⁻¹	辐射场强 E_L /dBVm⁻¹	前向功率 P_L /dBm	反向功率 /dBm	线缆终端响应 /dBm		前向功率 /dBm	反向功率 /dBm	干扰场强临界值 /Vm⁻¹	干扰场强临界界值 E_H /dBVm⁻¹	前向功率 P_H /dBm	反向功率 /dBm	等效干扰场强临界值 $E'_H = P_H + k$ /dBVm⁻¹		
1	70	29.2	20.6	4.31	12.69	28.8	17.1	-28.54	-16.11	48	39.9	34.94	30.87	47.4	36	31.29	电源电压下降 0.2 V	0.42
2	110	31.28	21.33	4.72	13.48	20.5	4.2	-18.57	-7.02	56.17	46.09	80.9	38.16	47.7	32	40.68	电源电压下降 0.3 V	2.52
3	170	37.4	23.6	21.5	26.65	22.8	15	-7.2	3.85	56.3	42.3	188.8	45.52	42.4	34.7	46.25	电台重启	0.73
4	370	36.6	23.4	4.7	13.44	16.1	9.2	-17.4	-2.66	48.6	35.1	20.76	26.34	29.3	22.7	26.64	电台重启	0.30
5	390	34.2	20.9	4.1	12.26	18.7	12.1	-5.4	-6.44	45.7	32.45	17.4	24.81	30.7	24.3	24.26	电台重启	0.56

6.5.2 加严等效试验方法的有效性验证

选取某型非屏蔽四芯线缆为受试对象,采用端接射频同轴负载的方式模拟线缆两端连接的受试设备。在开展等效注入试验时,应对线缆终端辐射响应的最坏情况进行等效。试验时首先开展电磁辐射试验,分别将线缆旋转 0°、90°、180°、270°,记录两芯线对响应的最大值,结果如图 6.21 所示,然后开展注入试验,直接等效两芯线对响应的最大值,通常无法同时实现等效,则保证某一线对终端注入响应与辐射时相等,另一线对终端注入响应大于辐射响应,试验结果如表 6.5、图 6.21 至图 6.24 所示。

表 6.5 非屏蔽四芯线缆 BCI 注入加严等效辐照效应试验

频率/MHz	试验类别	线缆位置	低场强预先试验 黄黑:左50Ω,右25Ω 棕灰:左50Ω,右37.5Ω			高场强外推试验 黄黑:左50Ω,右16.7Ω 棕灰:左50Ω,右25Ω			注入与辐射试验相对误差/dB	加严等效带来的误差/dB
			信号源输出功率/dBm	黄黑响应/dBm	棕灰响应/dB	信号源输出功率/dBm	黄黑响应/dBm	棕灰响应/dB		
30	辐照试验	0°	3	−61.8	−59.2	13			0.5	1.6
		90°		−61.3	−56.7			−49.3		
		180°		−59.3	−56.9		−52.2			
		270°		−61.1	−60.7					
	注入试验	270°	−14.0	−57.9	−56.7	−4.0	−50.6	−49.8		
100	辐照试验	0°	3	−47.9	−55.6	13	−42.1		0.8	0.4
		90°		−49.6	−56.6					
		180°		−49.5	−56.2					
		270°		−49.1	−55.3			−48.6		
	注入试验	270°	−15.5	−47.9	−55.1	−5.5	−41.3	−49.0		
200	辐照试验	0°	3	−39.1	−51.3	13			1.4	5.8
		90°		−38.1	−50.7		−30.8	−46.0		
		180°		−38.4	−51.4					
		270°		−39.2	−51.3					
	注入试验	180°	2.1	−38.1	−46.1	12.1	−29.4	−40.2		

续表 6.5

频率/MHz	试验类别	线缆位置	低场强预先试验 黄黑:左50 Ω、右25 Ω 棕灰:左50 Ω、右37.5 Ω			高场强外推试验 黄黑:左50 Ω、右16.7 Ω 棕灰:左50 Ω、右25 Ω			注入与辐射试验相对误差/dB	加严等效带来的误差/dB
			信号源输出功率/dBm	黄黑响应/dBm	棕灰响应/dB	信号源输出功率/dBm	黄黑响应/dBm	棕灰响应/dB		
300	辐照试验	0°	3	−41.2	−53.1	13	−34.2	−46.7	1.2	2.4
		90°		−41.4	−53.1					
		180°		−42.6	−53.9					
		270°		−43.9	−53.7					
	注入试验	270°	−0.8	−39.3	−53.1	9.2	−31.8	−45.5		
400	辐照试验	0°	3	−47.3	−61.2	13		−56.7	1.5	6.3
		90°		−52.5	−61.8					
		180°		−52.2	−64.3					
		270°		−46.9	−62.3		−38.9			
	注入试验	180°	−3.8	−46.9	−55.5	6.2	−37.4	−50.4		
500	辐照试验	0°	3	−49.1	−61.0	13		−53.7	1.9	1.8
		90°		−50.2	−64.5					
		180°		−47.5	−64.3					
		270°		−46.7	−62		−40.1			
	注入试验	270°	−9.7	−46.7	−60.1		−38.2	−51.9		
600	辐照试验	0°	3	−54	−54.8	13			1.9	0.4
		90°		−48.8	−56.4					
		180°		−47.4	−61.6		−40.1			
		270°		−50.6	−53.2			−44.9		
	注入试验	180°	−5.4	−47.4	−52.8	4.6	−38.2	−44.5		

续表 6.5

频率/MHz	试验类别	线缆位置	低场强预先试验 黄黑:左50Ω、右25Ω 棕灰:左50Ω、右37.5Ω			高场强外推试验 黄黑:左50Ω、右16.7Ω 棕灰:左50Ω、右25Ω			注入与辐射试验相对误差/dB	加严等效带来的误差/dB
			信号源输出功率/dBm	黄黑响应/dBm	棕灰响应/dB	信号源输出功率/dBm	黄黑响应/dBm	棕灰响应/dB		
700	辐照试验	0°	3	−51.3	−60.2	13	−43.3		1.3	9.3
		90°		−52.6	−57.7			−52.5		
		180°		−53.9	−58.8					
		270°		−53.5	−62.5					
	注入试验	270°	−13.2	−51.3	−50.3	−3.2	−44.6	−43.2		
800	辐照试验	0°	3	−49.6	−52.9	13	−43.0		1.6	7.1
		90°		−49.3	−53.9					
		180°		−50.8	−57.1					
		270°		−49.5	−52.3			−46.7		
	注入试验	180°	−5.9	−49.3	−46.7	4.1	−41.4	−39.6		
900	辐照试验	0°	3	−57.3	−69.2	13			0.9	4.2
		90°		−62.4	−63.1					
		180°		−56.0	−58.4		−47.7	−51.7		
		270°		−56.4	−61.7					
	注入试验	270°	−16.6	−56.0	−54.1	−6.6	−48.6	−47.5		
1000	辐照试验	0°	3	−63.6	−61.1	13			2.1	1.8
		90°		−63	−55.0			−48.4		
		180°		−61.5	−60.3					
		270°		−53.3	−65.4		−48.8			
	注入试验	180°	−9.5	−53.3	−54.2	0.5	−46.7	−46.6		

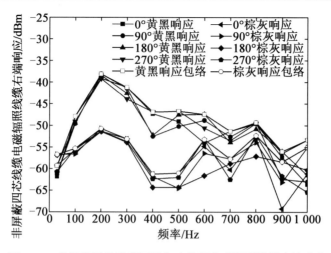

图 6.21　非屏蔽四芯线缆不同角度位置电磁辐照线缆右端响应

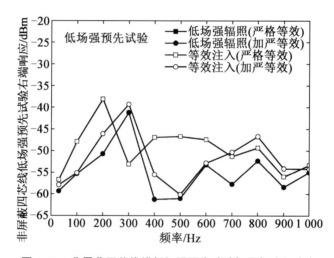

图 6.22　非屏蔽四芯线缆低场强预先试验辐照与注入响应

　　从图 6.24 的误差结果可以看出：严格等效线对的试验误差较小，最大误差为 2.1 dB，部分频点加严等效误差较大，最大误差达到 9.3 dB，这主要是由于不同线对注入与辐射效应试验之间的等效对应关系相差较大导致的。对于试验误差较大的线对响应，可采取单独进行等效注入试验的方法提高试验准确性。

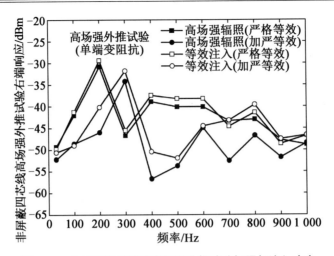

图 6.23　非屏蔽四芯线缆高场强外推试验辐照与注入响应

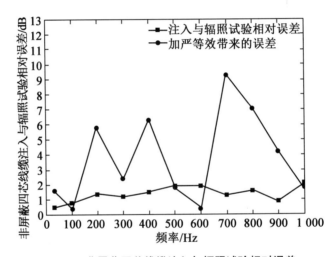

图 6.24　非屏蔽四芯线缆注入与辐照试验相对误差

第7章 强电磁脉冲试验系统与效应试验方法

强电磁脉冲是电磁环境的重要组成部分,它以其瞬间释放的高强度、超宽谱电磁能量来干扰和破坏敏感电子设备(系统),已成为敏感电子设备(系统)的"头号杀手"。目前,强电磁脉冲主要包括核电磁脉冲(NEMP)、雷电电磁脉冲(LEMP)、超宽带电磁脉冲(UWB EMP)、高功率微波(HPM)和静电放电电磁脉冲(ESD EMP)等。但鉴于基于电磁脉冲武器和自然电磁脉冲源的现场试验存在诸多困难或限制,如核爆试验已被禁止、雷电和静电放电发生随机性强等,为了方便、灵活、高效地开展强电磁脉冲效应试验,世界各国相继开展了强电磁脉冲的模拟试验技术研究。本章将主要聚焦核电磁脉冲、雷电电磁脉冲、超宽带电磁脉冲这三种典型的强电磁脉冲,从三种强电磁脉冲环境的产生机理和特征出发,介绍相应的模拟试验系统,并给出具体的效应试验方法。

7.1 核电磁脉冲试验技术

7.1.1 核电磁脉冲产生机理

核爆炸辐射的 γ 射线是激励电磁脉冲的主要因素。当核爆炸发生时,由其辐射的瞬发 γ 射线与物质相互作用产生康普顿效应,形成具有一定能量和动量的康普顿电子;康普顿电子大体沿着原 γ 辐射的方向(以爆点为原点的径向),以接近于光速的速度向外运动,从而形成了康普顿电流,进而激励核电磁脉冲。

对于不同高度上的核爆炸,γ 辐射形成的电子流空间分布有所不同,所受地磁场的影响也不一样,形成电磁脉冲的机理也有所区别。

1. 地面核爆电磁脉冲

核爆炸在地面或接近地面发生时,向下辐射的中子和 γ 光子很快被地面上层的岩土介质吸收,在 γ 辐射方向上基本不发生电荷分离现象,既不产生电场。但在向外和向上的方向上,γ 辐射使空气电离并造成电荷的分离。由于康普顿电子及其在空气中产生的大量次级电子由爆点向外运动比质量较大的正离子容易得多,留在爆点附近的正离子与电离区(源区)边缘之间就会形成较强的径向电场。这些电子流的净效应为一个竖直向上的合成电子流(净电子流),从而源区被激励,向外辐射电磁能量,如图 7.1 所示。另一方面,由于大地的导电特性,电子在空气中从爆心向外运动后,可以通过电导率较高的大地返回爆心,从而形成一个电流环路。这样的电流环路可以产生非常高的水平磁场。在源区内,特别是在靠近地面处,从地面上方向下看时,磁力线是以顺时针方向环绕爆心的,如图7.1所示。

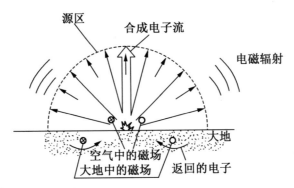

图7.1　地面核爆电磁脉冲产生机理示意图

2. 中高空核爆电磁脉冲

当核爆炸高度低于30 km且电磁脉冲源区又不接触地面时,爆点下方的空气密度要比上方的大,而且这种竖直方向上的密度差别是随着爆炸高的增加而增加的,但总体来说,差别不是很大。康普顿效应的碰撞频率以及空气的电离情况与空气密度的变化规律相一致,源区上下的不对称性总是存在的。由此,可以产生一个竖直向上的合成电子流,在发生电离的区域内激励振荡,其能量以电磁脉冲的形式辐射出去,如图7.2所示。此外,康普顿电子受地磁场偏转的影响,还会向外辐射一个持续时间短的高频脉冲。

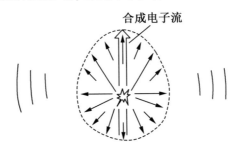

图7.2　中高空核爆电磁脉冲产生机理示意图

3. 高空核爆电磁脉冲

若核爆炸发生在30 km以上的高空,γ光子向上辐射,进入密度很低的大气中,以至于γ射线在被吸收之前要走很远的距离。另一方面,γ光子向下方辐射将遇到密度逐渐增大的大气。γ辐射与空气分子相互作用形成的电磁脉冲源区,大致呈中间厚而边缘薄的圆饼状。在源区内,由于大气密度极低,γ辐射与空气分子、原子相互作用产生的康普顿电子,与其他空气分子、原子碰撞的次数较少,故行程很长,只要不是沿着地球磁场磁力线的方向射出,其运动轨迹就要受地磁场的影响而发生弯曲,从而获得径向加速度,围绕磁力线连续旋转。这样一些密度随时间变化做螺旋运动的电子将形成相干相加的电磁辐射,如图7.3所示。相比于中高空核爆和地面核爆由于源区非对称性形成电磁脉冲而言,高空核爆电磁脉冲的高频成分要丰富得多。

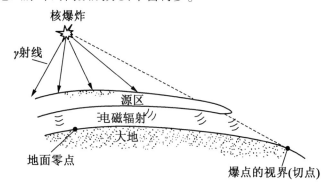

图 7.3　高空核爆电磁脉冲产生机理示意图

4. 内电磁脉冲

当 γ 射线或 X 射线穿透一个金属腔体时,与壳体材料的原子或分子相互作用产生出电子,形成电子流,从而产生电磁脉冲。由于这种电磁脉冲被束缚在腔体内部,因此称为内电磁脉冲,如图 7.4 所示。由于金属界面的存在,使得内电磁脉冲与大范围空间内形成的电磁脉冲有较大的差别。金属腔体的形状和尺寸将对电磁脉冲的波形产生影响。例如,对于圆柱形腔体,内电磁脉冲可以看成是以腔体为波导管、康普顿电流和传导电流为激励的受迫振荡问题,波长比管径大的电磁波分量将被截止。因此,内电磁脉冲的波形高频振荡比较明显,且持续时间相对缩短。

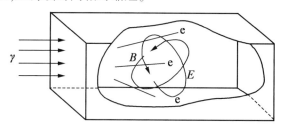

图 7.4　内电磁脉冲产生机理示意图

5. 系统电磁脉冲

当核爆炸产生的瞬发 γ 射线或 X 射线作用在系统构件上时,会从系统构件表面打出康普顿电子或光电子,使构件局部失去电荷而引起电荷的不平衡。如果构件的表面为金属,则电荷会立即重新分布,就会有电流流动,这样的电流称为置换电流,是一种表面电流。与此同时,它会向外辐射电磁能量,从而形成通常所说的系统电磁脉冲。但若构件表面仅局部为金属或全部是绝缘介质,即使存在电荷不平衡,电荷也无法自由流动,从而会引起局部电位的升高,出现所谓的充电现象。这种充电会导致噪声增大,引起干扰,严重时还会发生电击穿。

7.1.2　核电磁脉冲环境特征

1. 核电磁脉冲的一般特点

不同的核装置,不同类型的爆炸,在不同的位置上,核电磁脉冲的特性是不同的。一般而言,核电磁脉冲具有能量强度大、波形峰值高、作用时间短、频谱范围宽、覆盖地域广等特点。

(1)能量强度大。

核爆炸产生的瞬发 γ 射线能量约占爆炸能量的 0.3%,其中以电磁脉冲形式释放的能量,在高空爆炸时约占该部分能量的 $1/10^2$,在地面爆炸时约占 $1/10^7$。按此比例计算,一个百万吨级的核武器在高空爆炸时以电磁脉冲形式释放的能量约为 $1×10^{11}$ J,在地面爆炸时约为 $1×10^6$ J。尽管这些能量分布在非常大的空间范围内,但在电子、电力系统的某些部分作为能量收集器耦合 1 J 以上的能量是完全可能的。

(2)波形峰值高。

核电磁脉冲具有很高的场强峰值,电场强度可达 $10^4 \sim 10^5$ V/m;磁感应强度可达 10 mT,而且很快上升至峰值。

(3)作用时间短。

核电磁脉冲的电场变化迅速,在几纳秒的时间内即可上升到最大值,典型的上升时间数据为 10^{-8} s。持续时间从几十纳秒到数微秒。

(4)频谱范围宽。

以高空核爆电磁脉冲为例,其频率范围大约从几 Hz 到 100 MHz,覆盖了从超长波直至微波低端的整个频段,对超低频(VLF)、低频(LF)、高频(HF)、超高频(VHF)无线电通信影响极大。

(5)覆盖地域广。

地面爆炸时核电磁脉冲源区的覆盖半径为 3~8 km,而高空爆炸时凡是在地球上能够看到爆点的地方皆能受到核电磁脉冲的覆盖。当核爆炸高度为 40 km 时,电磁脉冲覆盖的地面为 712 km;当核爆炸高度为 80 km 时,电磁脉冲覆盖的地面可达 1 000 km。因而,暴露在高空核电磁脉冲作用范围内的长导体可以收集到很大的能量,从而对与其相连接的电子设备造成损坏。

2. 标准规定的高空核爆电磁脉冲波形特征

一般,高空核爆电磁脉冲场波形可以采用双指数函数来描述:

$$E(t) = \begin{cases} 0 & t \leqslant 0 \\ E_p k(e^{-\alpha t} - e^{-\beta t}) & t > 0 \end{cases} \tag{7.1}$$

式中,E_p 为脉冲峰值;k 为峰值修正系数;α、β 是影响脉冲峰值、上升时间和半峰值宽度的参数。

采用 IEC 61000-2-9 中定义的高空核爆电磁脉冲早期波形,令 $E_p = 50$ kV/m,$\alpha = 4×10^7$ s^{-1},$\beta = 6×10^8$ s^{-1},$k = 1.3$,相应的高空核爆电磁脉冲波形如图 7.5 所示。该波形幅值

从 10% 至 90% 的上升时间为 2.6-0.1=2.5 ns,峰值时间为 4.8 ns,半峰值宽度为 23 ns。在 GJB 151B—2013 中,还规定了高空核爆电磁脉冲波形的允差,即上升时间(10%~90%)为 1.8~2.8 ns,半峰值宽度为 23±5 ns。

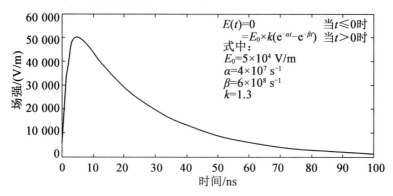

$$E(t)=0 \qquad \text{当}\ t\leqslant 0\ \text{时}$$
$$=E_0 \times k(e^{-\alpha t}-e^{-\beta t}) \quad \text{当}\ t>0\ \text{时}$$

式中:
$E_0=5\times10^4\ \text{V/m}$
$\alpha=4\times10^7\ \text{s}^{-1}$
$\beta=6\times10^8\ \text{s}^{-1}$
$k=1.3$

图 7.5　IEC 61000-2-9 规定的高空核电磁脉冲波形

7.1.3　核电磁脉冲模拟技术

核电磁脉冲模拟技术主要包括两个方面:一是模拟器(场形成装置)技术,二是辐射源技术。

1. 核电磁脉冲模拟器结构

核电磁脉冲模拟器分为垂直极化模拟器和水平极化模拟器两种。

(1)垂直极化模拟器。

在模拟器内产生垂直极化的核电磁脉冲电场,电场方向垂直于地面。垂直极化模拟器通常包括有界波模拟器、GTEM 室和平行板传输线等,如图 7.6 所示。

图 7.6　典型的垂直极化模拟器

(2)水平极化模拟器。

在模拟器内产生水平极化的核电磁脉冲场,通常核电磁脉冲源吊在空中,由两个传输臂将电磁脉冲能量辐射出去,如图 7.7 所示。

图 7.7　典型的水平极化模拟器

2. 核电磁脉冲源工作原理

核电磁脉冲源主要由 Marx 发生器、峰化电容和峰化开关三部分组成。其中,Marx 发生器是其核心部件,其等效电路如图 7.8 所示。图中,C_0 是充电电容,R 是隔离电阻。

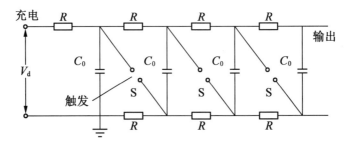

图 7.8　单边充电 Marx 发生器电路图

Marx 发生器的基本原理是:首先,利用直流高压电源通过适当的电阻网络对大量由气体火花开关隔离的脉冲电容器进行并联充电;其次,通过指令触发使这些火花开关快速顺序击穿,从而导致电容器迅速串联起来,获得幅值很高的电压脉冲。

由此,核电磁脉冲源的简化等效电路如图 7.9 所示。

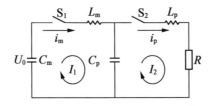

图 7.9　简化的核电磁脉冲源的等效电路

在图 7.9 中,C_m 为 Marx 发生器的等效储能电容;S_1 为 Marx 发生器火花间隙开关;L_m 为 Marx 发生器的串联电感;C_p 为峰化电容器;S_2 为陡化开关;L_p 为陡化开关、峰化电容器、引线电感之和;R 为负载电阻。当核电磁脉冲源放电时,第一回路中的 Marx 发生器发生串联放电,首先对 C_p 充电,然后开始在第二回路放电,即 C_p 通过陡化开关 S_2 向负载放电,从而在负载上获得一个快上升沿的脉冲。此等效电路在负载 R 上产生的电压为

$$U_R(t) = U_0(e^{-\frac{t}{\tau_1}} - e^{-\frac{t}{\tau_4}}) \tag{7.2}$$

由此,可以给出了式(7.2)所表述波形的上升时间 t_r 及半波宽度 t_w 的近似计算公式

$$t_r = 2.2L_P/R \tag{7.3}$$

$$t_w = 0.693RC_m \tag{7.4}$$

由上述两式可以看出,通过降低陡化开关、峰化电容器、引线的电感,可以有效减小脉冲上升时间;增大 Marx 发生器的储能电容,可以有效增大脉冲宽度。

3. Marx 发生器的触发方式

常用的 Marx 发生器触发方式主要有机械触发、放气触发和电触发等。以放气触发方案为例,其基本原理是:根据帕邢定律,间隙的击穿电压正比于气压 P 和电极间隙 d 的乘积。因此,在保持气体开关电极的相对距离不变的前提下,气压减小(对充气的触发开关进行放气操作),则开关击穿电压降低,开关就可以被触发。通常情况下,采用放气触发的开关间隙非常小,开关的电感可以做到小于几 nH,有利于提高上升沿的陡度,而且触发方式比较简单。

4. 陡化开关触发时刻对波形的影响

陡化开关的触发时刻会对输出波形的峰值、前沿等特征产生影响,图 7.10 给出了 S_2 不同时刻闭合对负载上波形影响的计算结果。从图 7.10 中可以看出:

(1)当初级回路中的电流达到最大值时,主放电开关导通在负载上可以得到理想双指数脉冲波(图 7.10 中曲线 A);

(2)若陡化开关提前闭合,峰值减小,波形前沿变缓(图 7.10 中曲线 B);

(3)若闭合时间滞后,虽然峰值有所增加,上升前沿减小,但波形(图 7.10 曲线 C)将变坏,第一个峰值过后会出现第二个峰值。

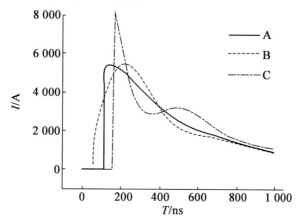

图 7.10　S_2 不同时刻闭合对负载上波形影响的计算结果

5. 开关气压对上升前沿的影响

如果忽略放电回路的固有电感和电容,只考虑放电间隙的非线性电阻的影响,则波头部分的最大陡度可表示为

$$(du/dt)_{max} = 0.15U^2/(K \cdot d) \tag{7.5}$$

根据帕邢定律,若击穿电压 U 不变,将气压提高到 nP,则间隙距离减少到 d/n,而上升沿陡度可以提高 n 倍,即

$$(du/dt)_{max} = 0.15nU^2/(K \cdot d) \tag{7.6}$$

因此,气体开关的充气气压会影响开关的时延和导通时间。增大气体开关的充气气压,脉冲发生器输出波形的上升时间将会得到有效减小。

7.1.4　核电磁脉冲效应试验方法

参考 GJB151B—2013 中 RS105 的瞬态电磁场辐射敏感度的试验方法,按图 7.5 所示的波形和幅度(50 kV/m)进行试验。EUT 不应出现任何故障、性能降低或偏离规定的指标值,或超出单个设备和分系统规范中给出的指标允差。要求至少施加 5 个脉冲,重复频率不超过 1 个脉冲/min。

1. 测试设备

核电磁脉冲效应试验的相关测试设备如下:

(1)横电磁波(TEM)小室、吉赫兹横电磁波(GTEM)小室、平行板传输线或等效装置。

(2)瞬态脉冲发生器,单脉冲输出,正、负极性。

(3)存储示波器,单次触发带宽不小于 700 MHz,采样率不小于 1 GSa/s。

(4)终端保护装置。

(5)高压探头,带宽不小于 1 GHz。

(6)电磁脉冲电场探头(也称作 $\dot{B}$ 传感器探头),带宽不小于 1 GHz。

(7)电磁脉冲磁场探头(也称作 $\dot{D}$ 传感器探头),带宽不小于 1 GHz。

(8)LISN。

(9)积分器,时间常数是脉冲宽度的 10 倍。

2. 试验方法

下面以 TEM 小室场形成装置为例,来说明核电磁脉冲的效应试验方法。在正式试验之前,需要对脉冲场环境进行校验。

(1)脉冲场环境的校验。

基于平行板辐射系统的脉冲场环境校验配置如图 7.11 所示,主要包括:

①EUT 放入测试区之前,将电磁脉冲电场探头或电磁脉冲磁场探头放在 A–A 垂直面五点栅格的中心点,如图 7.11 所示;

②将高压探头接在瞬态脉冲发生器的输出端口和辐射系统的输入口之间,并将高压探头连接到存储示波器上。

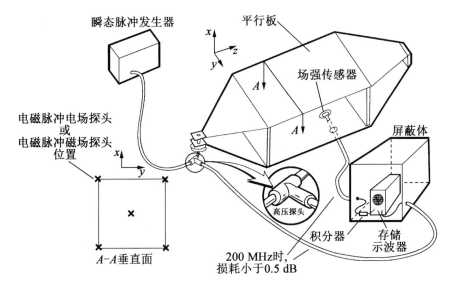

图 7.11　基于平行板辐射系统的脉冲场环境校验配置

校验的具体步骤如下：

①瞬态脉冲发生器产生脉冲场，用电磁脉冲电场探头或电磁脉冲磁场探头测量，场强的峰值、上升时间和脉冲宽度应符合要求。记录示波器上显示的脉冲波形。

②RS105 限值的允差及特性如下：

上升时间(10%~90%)：1.8~2.8 ns。

半峰值脉冲宽度：23±5 ns。

栅格点上的电场或磁场峰值，高于限值 0~6 dB。

对于大型模拟器，脉冲的上升时间可以是脉冲电压源的上升时间，但须得到订购方的同意。

③对图 7.11 上的其他 4 个测试点分别重复步骤①~②。

④确定 5 个栅格点场强同时满足要求时脉冲发生器的设置及相应的脉冲驱动幅度。

（2）EUT 测试。

平行板辐射系统的测试配置如图 7.12 所示，其主要配置如下：

①将 EUT 的受试面放在 A-A 垂直面上，中心线对准辐射系统的中心线。EUT 不超出辐射系统可用测试区（在 x、y、z 方向上分别为 $h/3$、$B/2$ 和 $A/2$）（h 是金属板之间最大垂直间距）。如果 EUT 在实际安装时放在接地平板上，则 EUT 也应放在辐射系统的接地板上。EUT 按实际安装方式搭接到接地平板。否则，应用对电磁场影响最小的介质材料支撑 EUT。

②EUT 的朝向应能最大耦合电磁场。这可能需要在 EUT 的几个朝向都测试后才知道。

③EUT 工作和监视电缆应按感应电流或电压最小的方式敷设。电缆应与电场矢量垂直，与磁场矢量垂直的环路面积尽量小。进出平行板测试区的电缆应与电场矢量垂直，长至少 2h。

④辐射系统的底板搭接到大地参考点上。

⑤辐射系统的顶板离最近的金属至少 $2h$，包括天花板、建筑结构、金属通风管、屏蔽室墙等。

⑥当使用开放式辐射体时，应将 EUT 的实际或模拟负载和接口电信号放在屏蔽体里。

⑦在靠近外部电源的 EUT 电源线加上终端保护装置，以保护电源。

⑧将瞬态脉冲发生器连接到辐射系统。

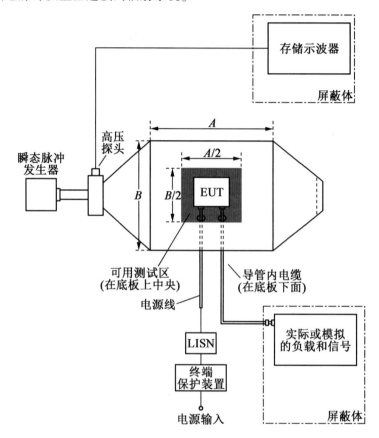

图 7.12　平行板辐射系统的测试配置

EUT 测试的具体步骤如下：

①尽可能在 EUT 的正交方向对其测试。

②先施加前述校验时确定脉冲幅值的 10%，然后分 2~3 步增加脉冲幅度直至要求的值。

③在要求的测试电平上，确认脉冲波形特性与前述 RS105 限值的特性一致。

④以不超过 1 个/min 的速率施加要求数量的脉冲。

⑤在施加每个脉冲的过程中或结束后监视 EUT 是否敏感。

⑥如果 EUT 在低于规定幅度时就发生故障，停止测试并记录此值。

⑦如果 EUT 出现敏感，按照第 1.4.2 节的方法确定敏感度门限电平。

试验完成后，需要提供 EUT 及电缆方位照片、EUT 配置的详细说明、EUT 各方位施加脉冲的示波器图(包括峰值、上升时间及脉冲宽度数据)、EUT 发生敏感的敏感度门限电平及其工作状态等测试数据。

7.2　雷电电磁脉冲试验技术

7.2.1　雷电电磁脉冲产生机理

雷电电磁脉冲(Lightning Electromagnetic Pulse, LEMP)是雷电放电过程的产物,云闪和地闪均可以产生。根据国际电工委员会 IEC62305-1 标准的定义,雷电电磁脉冲是指雷击电流的电磁效应,包括电气和电子的设备中形成的浪涌和直接对设备本身的电磁场效应。根据雷电电磁脉冲的传播方式,可以将其划分为传导形式的雷电电磁脉冲和辐射形式的雷电电磁脉冲两种类型。传导形式的雷电电磁脉冲主要指静电脉冲和地电流瞬变,辐射形式的雷电电磁脉冲则主要指雷电电磁脉冲辐射场。

1. 静电脉冲

晴天大气中始终存在着方向垂直向下的大气静电场,通常情况下,平原地区地面附近的电场强度约为 150 V/m。当雷暴来临时,由于雷暴云下部的净电荷较为集中,很容易在其下方地面附近形成较高的大气静电场强,强度可达 10~30 kV/m 甚至更高。雷暴云形成的强电场会在地面金属物体表面感应出异号电荷,如图 7.13 所示,其电荷密度和电位随附近大气场强变化而变化。在雷电放电发生的瞬间,雷暴云内的部分电荷被释放,大气静电场会发生急剧变化,地面金属物体上的感应电荷会由于失去束缚而沿接地通路流向大地。由于电流流经的通道存在电阻,会引起电阻上的电压瞬变,这种瞬变电压就称为静电脉冲。因此,静电脉冲的大小与通道接地电阻的大小密切相关。

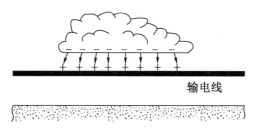

输电线

图 7.13　静电脉冲的形成原理

2. 地电流瞬变

地电流瞬变是由雷击点附近区域的地面电荷中和过程形成的。以常见的负地闪为例,主放电通道建立后,会产生回击电流,即雷暴云中的负电荷会流向大地,同时地面的感应正电荷也流向落雷点与负电荷中和,形成地电流瞬变,如图 7.14 所示。地电流流过的地方,会出现瞬态高电位;不同位置之间也会有瞬时高电压,即跨步电压,如图中的 A、B 两点。

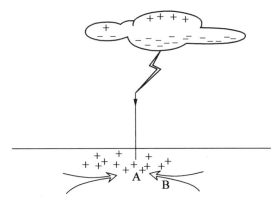

图7.14 地电流瞬变

3.雷电电磁脉冲辐射场

在雷电放电过程中,通道中的电流会在通道周围激励产生雷电电磁脉冲场。以地闪回击过程为例,通常的回击电流强度为几十至上百 kA,上升速率最高可达上百 kA/μs。此时,回击电流就可以在由放电通道构成的等效天线的作用下,产生强烈的瞬态电磁辐射。图7.15给出了地闪放电各个阶段辐射电场的典型波形。从图中可以看出,从雷电初始击穿到回击放电等过程都会伴随着电磁辐射。

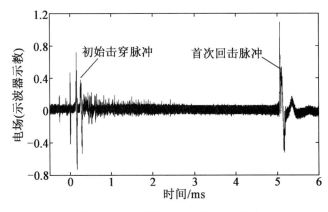

图7.15 典型的雷电辐射电场波形

辐射形式的雷电电磁脉冲一方面可以通过电磁感应转化成传导形式的雷电电磁脉冲,以浪涌电压或浪涌电流等形式侵入到敏感电子设备内部,对电磁敏感设备造成干扰或损伤;另一方面还可以直接作用在敏感设备或器件上,对敏感设备或器件造成干扰或损伤。

7.2.2 雷电电磁脉冲的特征

1.雷电浪涌

针对由雷电瞬变过电压引起的单极性浪涌冲击,为了规范施加在 EUT 上的输出波形,IEC 61000-4-5:2014(对应 GB/T 17626.5—2019)中给出了两种类型的组合波。其中,对于连接到户外对称通信线的端口,使用 100/700 μs 组合波(开路电压波形为 100/700 μs,短路电流波形为 5/320 μs,源阻抗为 40 Ω),如图 7.16 所示;对于其他情况,使用 1.2/50 μs 组合波(开路电压波形为 1.2/50 μs,短路电流波形为 8/20 μs,源阻抗为 2 Ω),如图 7.17 所示。

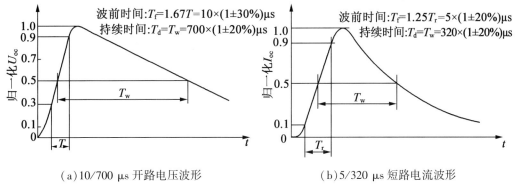

(a) 10/700 μs 开路电压波形　　　　　　　(b) 5/320 μs 短路电流波形

图 7.16　100/700 μs 组合波

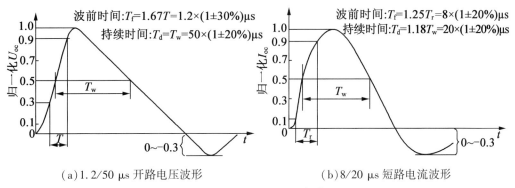

(a) 1.2/50 μs 开路电压波形　　　　　　　(b) 8/20 μs 短路电流波形

图 7.17　1.2/50 μs 组合波

2. 雷电回击电磁脉冲场

雷电回击电磁脉冲场是一种典型的辐射形式的雷电电磁脉冲,它由回击通道中的雷电流激励产生。典型的雷电流波形如图 7.18 所示。对于雷电流的时域波形,I_0 决定闪电的机械力、电动力的大小及雷灾的危害程度;T_1 越小,它的冲击力作用越明显;最大电流变化率决定闪电的电磁感应强弱;T_2 越大,热效应越大。

针对图 7.18 的典型雷电流波形,当采用图中的双指数函数表示时,不同雷电流波形的频率特性曲线如图 7.19 所示。其中,10/350 μs、200 kA 和 0.25/100 μs、50 kA 分别为 IEC 62305 中规定的首次回击和后续回击的电流波形;2.85/69 μs、200 kA 和 1.42/34.5 μs、100 kA 分别为 MIL-STD-464 中规定的雷电流 A 分量和 D 分量的波形。从图 7.19 中可以看出,雷电流的主要能量分布在低频段,能量成分随频率的升高而递减。通常来说,电流的波头越陡,高次谐波越丰富,波尾越长,低频部分越丰富。

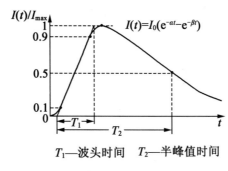

T_1—波头时间　　T_2—半峰值时间

图 7.18　典型雷电流波形

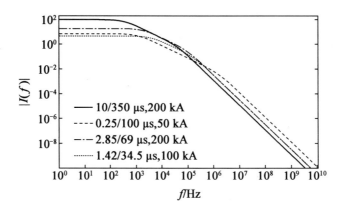

图 7.19　不同雷电流波形的频率特性曲线

　　由雷电流激发的雷电电磁脉冲场具有明显的时空差异特性。Lin 等利用两个测试站同时观测到的雷电电磁场数据,总结了雷电电磁场所具有的 4 个主要特征,如图 7.20 所示,包括:

　　①一个快速上升的电磁场初始峰值,在 1 km 距离以外其幅度与距离基本成反比;

　　②几十千米距离以内的电场在初始峰值之后具有一个缓慢上升斜坡,其持续时间达 100 μs 以上;

　　③几十千米距离以内的磁场在初始峰值以后具有一个弧形凸起,其峰值出现在 10~40 μs 之间;

　　④在 50~200 km 之间的电磁场在初始峰值之后都具有一个零交叉点,其一般发生于初始峰值之后几十微秒之内。

　　为了统一规范,GJB 1389B—2022 和 GJB 8848—2016 中分别给出了 10 m 处和 10 m 外的雷电电磁场环境特征,见表 7.1。

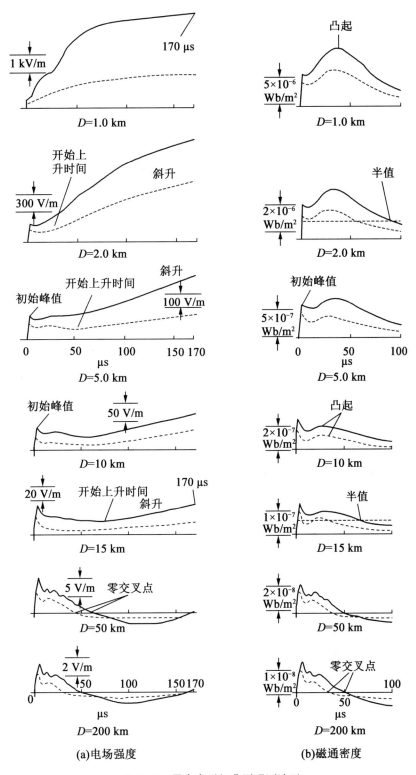

图 7.20　雷电电磁场典型观测波形

表 7.1　标准中不同距离处的雷电电磁场环境特征

观测距离 R	参数	数值	单位	出处
R = 10 m	磁场变化率	2.2×10^9	A/m/s	GJB 1389B—2022
	电场变化率	6.8×10^{11}	V/m/s	
R > 10 m	磁场	$3.2 \times 10^4 / R$	A/m	GJB 8848—2016
	磁场变化率	$1.6 \times 10^{10} / R$	A/m/s	
	电场	$3 \times 10^6 / (1 + R^2/50^2)^{1/2}$	V/m	
	电场变化率	$6 \times 10^{12} / (1 + R^2/50^2)^{1/2}$	V/m/s	

7.2.3　雷电电磁脉冲试验系统及效应试验方法

1. 注入试验

在 IEC 61000-4-5:2014(对应 GB/T 17626.5—2019)中,规定了设备由开关和雷电瞬变过电压引起的单极性浪涌(冲击)的抗扰度试验等级、试验设备和试验方法。其中,试验等级见表 7.2。

表 7.2　试验等级

等级	开路试验电压/kV	
	线-线	线-地[b]
1	–	0.5
2	0.5	1.0
3	1.0	2.0
4	2.0	4.0
X[a]	待定	待定

a:"X"可以是高于、低于或在其他等级之间的任何等级。该等级应在产品标准中规定。

b:对于对称互连线,试验能够同时施加在多条线缆和地之间,例如"多线-地"。

根据受试端口类型的不同,开展雷电浪涌冲击抗扰度试验需要的试验设备包括 100/700 μs 组合波发生器(对于连接到户外对称通信线的端口)或 1.2/50 μs 组合波发生器(对于其他情况)、耦合/去耦网络(CDN)、辅助设备(AE)以及(规定类型和长度的)电缆等。在试验设置方面,应根据受试端口类型(是否为直/交流电源端口)、耦合方式(线-线、线-地)、线缆类型(是否为屏蔽线、对称线)以及屏蔽线的接地连接方式(单端接地、双端接地)等来选择合适的 CDN 和试验配置。以使用一根或多根屏蔽电缆的设备为例(屏蔽线双端接地),其屏蔽线施加浪涌的试验布置如图 7.21 所示。

在图 7.21 中,EUT 与地绝缘,浪涌直接施加在它的金属外壳上;对于没有金属外壳的 EUT,浪涌直接施加到 EUT 侧的屏蔽电缆上;受试端口的终端(或辅助设备)接地。除受试端口外,所有与 EUT 连接的端口都应通过合适方法(如安全隔离变压器)或合适的 CDN 与地隔离。受试端口与连接到该端口的电缆的另一端的装置(辅助设备)之间的电缆长度应是 20 m(首选长度),或超过 10 m 的最短长度(由制造商提供的在安装中使用的预制电缆)。对于制造商规定的长度≤10 m 的电缆,不进行浪涌试验。EUT 与 AE 之间的电缆应采用非感性捆扎或双线绕法,并放置在绝缘支撑上。对于双端接地的屏蔽线施加浪涌,试验使用 2 Ω 源阻抗的发生器和 18 μF 电容。

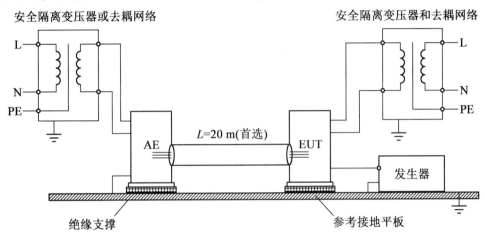

图 7.21　用于屏蔽线的浪涌冲击试验配置

另外,在图 7.21 中,允许不经过图示的隔离变压器而通过去耦网络为 EUT 和/或 AE 供电,但此时,EUT 的保护地不宜连接到去耦网络,直接供电的 EUT 或 AE 宜通过去耦网络供电。其中,AE 与浪涌信号应隔离,受试线缆 AE 侧的接地连接可以通过直接连接到屏蔽层而实现,而不用连接到 AE 的机壳。如果需要做进一步的隔离,电缆可以在不影响屏蔽的完整性的情况下延伸连接到地,形成一个屏蔽扩展连接器。在这种情况下,被测电缆的长度是指 EUT 和扩展连接器之间的长度,而非 EUT 和 AE 之间的长度。扩展连接器和 AE 之间的电缆长度不作硬性要求。

参考 GB/T 17626.5—2019 的规定,浪涌(冲击)抗扰度试验的具体流程如下:

(1)试验之前,应对发生器和 CDN 进行验证。

(2)EUT 开机,确认其处于正常运行状态。

(3)根据试验计划进行试验,计划中应规定试验设置,应包含以下内容:

①试验等级。

②浪涌次数(每一耦合途径):

a.除非相关产品标准有规定,施加在直流电源端和互连线上的浪涌脉冲次数应为正、负极性各 5 次;

b.1 对交流电源端口,应分别在 0°、90°、180°、270°相位施加正、负极性各 5 次的浪涌脉冲。

③连续脉冲间的时间间隔:1 min 或更短。

④EUT 的典型工作状态。

⑤浪涌施加的端口。

电源端口(直流或交流)可能是输入或输出端口。对于输出端口的浪涌试验,只推荐在浪涌可能通过该端口进入 EUT 的输出端口上进行。当对三相系统进行测试时,同步相位角应取自相同的被测线。当线之间没有交流电压时,不用同步施加,此时,应施加 5 个正脉冲和 5 个负脉冲。对低压(电压不大于 60 V)直流输入/输出端,如果次级电路(与交流电源端口隔离)不会遭受瞬态过电压时,则不用对该低压直流输入/输出端进行浪涌试验。

如果重复率比 1/min 更快的试验使 EUT 发生故障,而按 1/min 重复率进行测试时,EUT 能正常工作,则使用 1/min 的重复率进行测试。

当进行线-地试验时,如果没有其他规定,应依次对每根线进行试验。

试验程序应考虑 EUT 的非线性电流-电压特性,因此,所有较低等级(表 7.2)包括选择的试验等级均应进行试验。

(4)试验结果的评价。试验结果应根据 EUT 在试验中的功能丧失或性能降低现象进行分类,相关的性能等级由设备的制造商或试验的委托方确定,或由产品的制造商和采购方双方协商确定。推荐的分类如下:

①在制造商、委托方或采购方规定的限值内性能正常。

②功能或性能暂时丧失或降低,但在骚扰停止后能自行恢复,不需要操作者干预。

③功能或性能暂时丧失或降低,但需操作者干预才能恢复。

④因设备硬件或软件损坏,或数据丢失而造成不能恢复的功能丧失或性能降低。

当然,除了上述针对电气和电子设备的浪涌(冲击)抗扰度试验之外,GJB 8848—2016 中还规定了针对武器系统的雷电传导耦合注入试验方法,两者在所采用的脉冲源参数特征、试验配置和试验要求等方面均存在一定的差别。

2. 辐照试验

雷电电磁脉冲场的辐照效应试验包括雷电脉冲电场效应试验和雷电脉冲磁场效应试验两个方面。

(1)雷电脉冲电场试验系统。

雷电脉冲电场试验系统由冲击电压发生器和场形成装置等构成。冲击电压发生器用于提供脉冲能量(如:Marx 发生器);有界波模拟器或 GTEM 室作为场形成装置,产生上升时间和半波宽度可调的双指数电磁脉冲,来模拟雷击过程中产生的雷电脉冲电场环境。

冲击电压发生器通常采用 Marx 发生器产生冲击电压波,发生器本体采用四级、恒流双边充电、空气绝缘、金属箱体全封闭屏蔽结构,其基本原理是高压电容器的并联充电、串联放电,如图 7.22 所示。

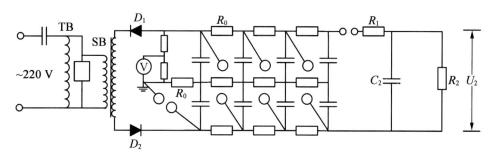

图 7.22　冲击电压发生器等效电路

冲击电压发生器放电产生脉冲电场的等效电路如图 7.23 所示。Marx 发生器对负载放电分为两个阶段,当 Marx 发生器的等效储能电容 C_1 充电完毕后触发火花间隙开关 S,通过波头电阻 R_1 向波前电容 C_2 充电,形成波前时间 T_1;然后 Marx 发生器等效储能电容 C_1 和波前电容 C_2 通过接在传输线终端的波尾电阻 R_2 放电,形成半波宽度时间 T_2。

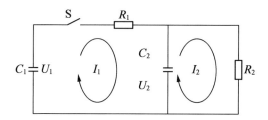

图 7.23　冲击电压发生器放电等效电路

根据电路原理,图 7.23 所示等效电路中负载 R_2 两端的电压 U_2 为

$$U_2 = A(\mathrm{e}^{-\alpha t} - \mathrm{e}^{-\beta t}) \tag{7.7}$$

式中,当 $C_1 \gg C_2$、$R_1 \ll R_2$ 时,$\alpha \approx \dfrac{1}{(R_1+R_2)(C_1+C_2)}$,$\beta \approx \dfrac{(R_1+R_2)(C_1+C_2)}{R_1 R_2 C_1 C_2}$。

在波前电容 C_2 与波尾电阻 R_2 之间连接场传输装置(两极板之间的距离为 d),则电场强度 $E = U_2/d$。例如,若传输线高度 d 为 6 m,Marx 发生器最大输出电压为 800 kV,则其能够产生的垂直电场大约为 100 kV/m。

进一步地,由式(7.7)可知,其波前时间和半波宽度近似满足:

$$T_1 \approx 2.33 R_1 C_2 \tag{7.8}$$

$$T_2 \approx 0.72 C_1 R_2 \tag{7.9}$$

可以看出,只要调节 R_1、C_2 的值,即可调节波前时间 T_1;调节 C_1、R_2 的值则可以调整半波时间 T_2。在实际使用过程中,一般保持 C_1、C_2 取值不变,通过调整波头电阻 R_1 和波尾电阻 R_2 的取值,改变波前时间 T_1 和半波时间 T_2。典型雷电电磁脉冲波形的系统参数设置见表 7.3。图 7.24 为典型雷电脉冲电场试验系统的实物照片。

表 7.3　典型雷电脉冲电场波形的系统参数对照表

波形	$C_1/\mu\text{F}$	C_2/pF	$R_1/\text{k}\Omega$	$R_2/\text{k}\Omega$
1.2/50 μs	0.01	1 200	0.33	6.5
5.4/70 μs	0.01	1 200	2.0	7.5
0.25/100 μs	0.01	1200	0.06 9	13
10/350 μs	0.01	1 200	2.78	43

图 7.24　典型雷电脉冲电场试验系统的实物照片

（2）雷电脉冲磁场试验系统。

雷电脉冲磁场试验系统配置如图 7.25 所示。其基本原理是利用脉冲发生器输出的脉冲电流,在亥姆赫兹线圈内部模拟产生雷电脉冲磁场环境。所谓亥姆赫兹线圈,即用两个半径和匝数完全相同的线圈,将其同轴排列并令两环之间的轴向距离等于半径,两电流环以串联方式连接。试验中,适当选取电流环的直径（一般不大于 4 m）,使受试设备和电流环之间留有足够的空隙。

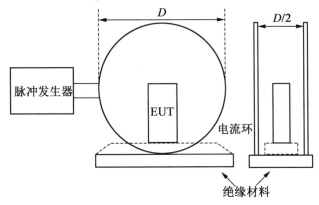

图 7.25　雷电脉冲磁场试验系统配置

假设两个电流环内通过的电流均为 I,且方向一致,根据毕奥–萨伐尔定律和叠加原理,可得轴线上任意一点处的磁场强度 H 为

$$H = \frac{NID^2}{8}\left\{\left[\frac{D^2}{4} + (D+x)^2\right]^{-3/2} + \left[\frac{D^2}{4} + (D-x)^2\right]^{-3/2}\right\} \tag{7.10}$$

式中，N 为线圈匝数；x 为电流环轴线上任意一点距两环中心的距离。

轴线中心处的磁场强度大小 H_0 为

$$H_0 = \frac{16}{5^{3/2}} \cdot \frac{NI}{D} \tag{7.11}$$

一般认为，亥姆赫兹线圈的可用工作空间为其内部磁场的 3 dB 均匀场区。该均匀区域的大小一般为轴向范围为 $-0.17D \sim 0.17D$，径向范围为 $-0.15D \sim 0.15D$。

（3）雷电电磁脉冲场效应试验步骤。

参考 GJB 8848—2016 的规定，雷电电磁脉冲场效应试验的试验步骤如下（雷电脉冲电场和脉冲磁场效应试验均适用）：

①试验设备通电预热，使其达到稳定工作状态。

②在未放置 EUT 情况下，将场测试探头放置在试验装置工作区中心，采用光纤传输系统引出，对试验装置进行校准，以获得实际产生场强与施加电压（或电流）之间的关系。

③根据受试设备距离雷击通道的距离，参照表 7.1 确定电磁场及其变化率。

④从 50% 场强峰值起施加一个脉冲，缓慢增加脉冲幅度直到达到限值为止，并保证场变化率为规定值。

⑤按照要求逐步增加脉冲电压或电流。

⑥在施加每个脉冲期间和之后检测 EUT，确定是否敏感。

在试验中，应记录保存试验配置、EUT 的设置状态、EUT 敏感判据及试验反应情况以及施加的电磁场峰值、变化率和波形等数据。

7.3　超宽带电磁脉冲试验技术

7.3.1　超宽带的基本概念

超宽带电磁脉冲是一类典型的高功率电磁环境。根据频率的覆盖范围，可以将高功率电磁环境分为窄带（Narrowband）、宽带（Moderate Bandwidth）和超宽带（Ultrawideband）三类。目前，不同文献中给出了各种各样的带宽定义，其中一个公认的定义为

$$B_f = \frac{2(f_H - f_L)}{f_H + f_L} = \frac{f_H - f_L}{f_0} \tag{7.12}$$

$$B_p = B_f \times 100\% \tag{7.13}$$

式中，B_f 为相对带宽或宽带指数；B_p 为百分比带宽；f_H、f_L 分别为信号频率范围的上、下限（传统上为 3 dB 点）；f_0 表示中心频率，为频率上限 f_H 和频率下限 f_L 的平均值。从式（7.12）和式（7.13）可以看出，这个定义是带宽（信号中高频与低频之间的差值）与中心频率的比率，而百分比带宽 B_p 的最大可能值是 200%。

根据百分比带宽的大小，美国的 DARPA 将高功率电磁信号进行了如下的划分：当 $B_p < 1\%$ 时，称为窄带；当 $1\% \leqslant B_p \leqslant 25\%$ 时，称为宽带；当 $B_p > 25\%$ 时，称为超宽带。

　　上述信号划分方式主要源自通信信号的观点。但是,对于超宽带信号而言,其实际波形可以达到190%以上的百分比带宽。因此,IEC 61000-2-13中又对带宽给出了如下的定义:

$$B_r = \frac{f_H}{f_L} \tag{7.14}$$

$$B_p = 200 \frac{B_r - 1}{B_r + 1}(\%) \tag{7.15}$$

式中,B_r 为频带比。根据 IEC 61000-2-13 的规定,f_H、f_L 的确定原则是在确保90%的能量包含在区间 $[f_L, f_H]$ 内的前提下使 $\Delta f = f_H - f_L$ 的值达到最小(尤其适用于多峰值的频谱信号),如图7.26所示,有

$$\frac{\int_{f_L}^{f_H} |\widetilde{V}(j\omega)|^2 d\omega}{\int_0^\infty |\widetilde{V}(j\omega)|^2 d\omega} = 90\% \tag{7.16}$$

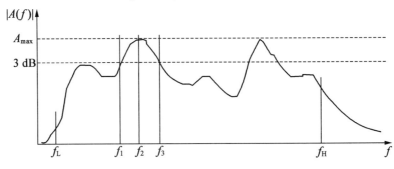

图 7.26　确定 f_H、f_L 的示意图

　　基于式(7.14)和式(7.15)的定义,IEC 61000-2-13 给出了带宽的另一种分类方法,见表7.4。

表 7.4　带宽的分类

带宽类型	百分比带宽(B_p)	带比(B_r)
窄带(Hypoband 或 narrowband)	$\leqslant 1\%$	$B_r \leqslant 1.01$
中宽频带(Mesoband)	$1\% < B_p \leqslant 100\%$	$1.01 < B_r \leqslant 3$
次超宽带(Sub-hyperband)	$100\% < B_p \leqslant 163.64\%$	$3 < B_r \leqslant 10$
超宽带(Hyperband)	$163.64\% < B_p \leqslant 200\%$	$B_r > 10$

7.3.2　超宽带电磁脉冲试验系统

　　超宽带电磁脉冲,是采用先进的开关技术、脉冲形成技术以及波形锐化技术等形成

一种冲击激励源,并通过天线辐射出去,进而产生脉冲宽度很窄、上升前沿很陡、辐射频率很宽的强电磁脉冲,通常用作电磁干扰源或电磁进攻性武器。超宽带电磁脉冲源通常峰值功率大于 100 MW、上升前沿为亚纳秒或皮秒量级、脉冲宽度为几纳秒、频谱可以从几十兆赫伸展到几吉赫、相对带宽超过 25%、脉冲重复频率为几千赫。由于超宽带电磁脉冲的脉宽非常窄,上升沿非常陡,能够渡越目标系统的保护电路,可以覆盖目标系统的响应频率,因此对电子系统具有较大的威慑作用。

典型的超宽带电磁脉冲试验系统主要由初级脉冲功率源,超宽带脉冲锐化装置和超宽带辐射天线三部分组成,如图 7.27 所示。

图 7.27 超宽带电磁脉冲试验系统结构示意图

在图 7.27 中,初级脉冲功率源主要由紧凑 Tesla 变压器和 Blumlein 脉冲成形线构成,用于产生脉宽为纳秒量级的高压电脉冲;超宽带脉冲锐化装置为 Peaking-Chopping 型高压气体开关,用于将纳秒电脉冲进行压缩和陡化,形成脉冲前沿(或后沿)为亚纳秒量级的电磁脉冲;抛物反射面型脉冲辐射天线用于将超宽带电磁脉冲辐射出去,形成在空间传播的超宽带电磁脉冲辐射场。图 7.28 为典型的 Tesla 型超宽带电磁脉冲源结构示意图。

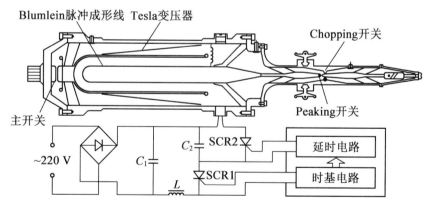

图 7.28 Tesla 型超宽带电磁脉冲源结构示意图

1. Tesla 变压器

Tesla 变压器又称为空气芯(Air Core)脉冲变压器,由苏联大电流物理研究所于 1981 年发明,其典型结构如图 7.29 所示。其中,Tesla 变压器主要用于对脉冲成形线充电,其初级为单匝线圈,次级为多匝线圈。Tesla 变压器与同轴成形线易于实现一体化,将变压器的单匝初级线圈装在成形线外筒的内表面上,次级线圈装在锥形内筒上,高压输出端与成形线的内筒相连。这样,可以使得装置结构更加紧凑,而且内筒与外筒之间的场强几乎均匀,可以耐受更高的电压。为了提高变压器的耦合系数,在变压器中采用了开路磁芯,紧贴在外筒的内表面和内筒的外表面上,克服了完全不用磁芯,漏磁较大的特点,并不容易产生磁饱和。

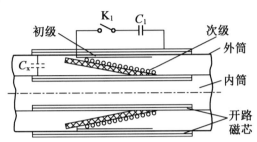

图 7.29　Tesla 变压器典型结构图

2. 脉冲成形线

脉冲成形线(Pulse Forming Line ,PFL)是通过开关击穿放电,利用传输线的变换作用,在传输线终端形成亚微秒至纳秒高压脉冲的装置。脉冲成形线产生脉冲的宽度与PFL 的长度及阻抗特性等有关。目前,常见的脉冲成形线包括同轴单成形线和同轴双成形线等。

同轴单成形线结构简单,如图 7.30 所示。其中,S 为主放电开关,Z 为成形线阻抗,R 为负载,l 为成形线长度。其工作原理为:利用 Marx 发生器对同轴单成形线进行充电,将传输线充电到电压 U_0;当开关 S 闭合时,若负载阻抗与成形线匹配($R=Z$),则 $-U_0/2$ 的电压波沿成形线向左传播,所到之处电压降为 $U_0/2$;当 $-U_0/2$ 电压行波到达成形线左侧末端时,由于 Marx 发生器充电后为开路,其阻抗 $R' \gg Z$,会发生全反射,由此 $-U_0/2$ 行波向右传播,所到之处电压降为 0;当该电压行波传输到负载端时,R 负载输出就会变为 0。由此,负载上的电压随时间变化的波形如图 7.31 所示。从图中可知,同轴单成形线的输出脉冲为传输线充电电压的 1/2,脉宽是电压波沿传输线传输时间的 2 倍。

同轴单成形线的输出脉冲上升时间短,但需要注意的是,由于开关存在电阻和电感,负载上电压波形的上升时间和下降时间存在过渡区域,如图 7.31 中虚线所示。因此,电压脉冲的上升时间主要由开关电感决定。

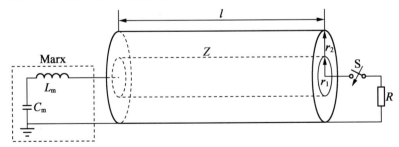

图 7.30　同轴单成形线

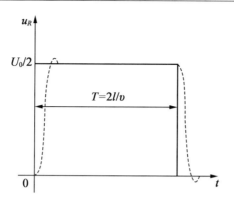

图 7.31　负载上的电压波形($R=Z$)

图 7.32 为同轴双成形线(同轴 Blumlein 线)。它是由同轴的圆筒导体组成的双向同轴线,实质上是两根单传输线的串联对负载放电,中间导体与初级电源相连,外导体和中心导体用适当大小的电感相连再接地。相比于同轴单成形线而言,Blumlein 线结构复杂,但输出脉冲为传输线的充电电压,同时可以使传输线的几何长度减少一半。

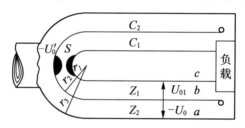

图 7.32　同轴双成形线(同轴 **Blumlein** 线)

3. 脉冲锐化装置

脉冲锐化装置,也称为 Peaking-Chopping 开关,其结构示意图如图 7.33 所示。在进行快沿电磁脉冲模拟时,外部电容放电回路为 Tesla 变压器提供初始脉冲,脉冲持续时间为微秒量级。Tesla 变压器升压后的脉冲,经安装在 Blumlein 线外筒和内筒之间的主开关放电和脉冲成形线,整形为持续时间几纳秒的脉冲。为了得到亚纳秒脉冲,需要利用脉冲锐化装置对脉冲进行锐化。即经过 Peaking 开关将脉冲波形进一步陡化,Chopping 开关的作用则是用于截断波形的后沿,这样就可以得到上升时间和下降时间均小于 1 ns 的快沿脉冲。

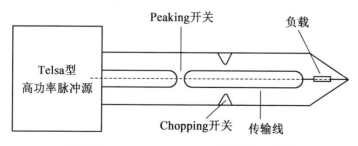

图 7.33　**Peaking-Chopping 开关结构示意图**

7.3.3　超宽带电磁脉冲场的测试

根据超宽带电磁脉冲场所覆盖的频率范围,其波形和幅度测量可以采用 TEM 喇叭天线来实现,测试配置如图 7.34 所示。为减小电磁干扰并保护测试设备,TEM 天线的测试信号需经专用屏蔽电缆和衰减器后再接入示波器。图 7.35 给出了典型的超宽带电磁脉冲场实测波形。

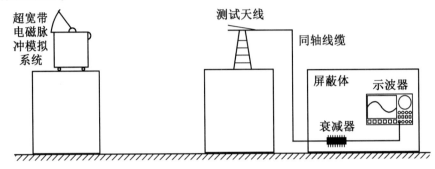

图 7.34　超宽带电磁脉冲场测试配置图

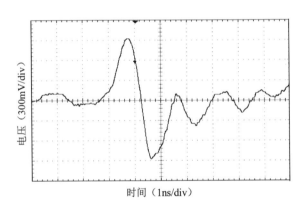

图 7.35　测试天线获得的超宽带电磁脉冲场实测波形

根据示波器的实测波形和幅度,可以按照式(7.17)对测试位置处的超宽带电磁脉冲场强度进行粗略估算:

$$E(t) = U(t) \cdot AF \cdot \eta \tag{7.17}$$

式中,$E(t)$ 为测试点辐射场信号,单位为 V/m;$U(t)$ 为示波器测试电压信号,V;AF 为测量天线的天线系数,单位为 m^{-1};η 为同轴线缆测试系统衰减倍数,无量纲。

如果要精确计算超宽带电磁脉冲的辐射场强,可由测量波形、天线系数以及同轴电缆测试系统 S_{21} 参数通过反卷积得到。

7.3.4　超宽带电磁脉冲效应试验方法

由于超宽带电磁脉冲源结构的特殊性,其输出脉冲强度一般不可调节,为了在不同强度的超宽带电磁脉冲场环境下对 EUT 开展效应试验,通常采用改变辐射源与 EUT 之间距离的办法来获得不同的辐射场强。为此,在开展超宽带电磁脉冲效应试验之前,必须对超宽带电磁脉冲场波形及其随辐射距离的变化关系进行标定。效应试验的具体实施步骤如下:

(1)按照图 7.33 所示的超宽带电磁脉冲场测试配置,开展不同观测距离处的超宽带电磁脉冲场波形测试,获取超宽带电磁脉冲场强度随着辐射距离的变化关系。

(2)根据试验方案确定辐射方式、脉冲重复频率,布设 EUT,连接性能监测系统。

(3)调试 EUT,使其处于试验方案要求的工作状态。

(4)对 EUT 进行辐射,记录超宽带电磁脉冲源的输出参数、EUT 状态、辐照方向及位置等,按照要求监测 EUT 的性能指标变化情况,记录 EUT 出现的效应现象及其产生条件(如果有效应的话)。

(5)调整 EUT 与辐射源之间的距离(如果需要的话),重复步骤(3)~(4);

(6)依照试验方案改变 EUT 的状态或辐照位置等,重复步骤(3)~(5),直至完成试验方案中所有要求的辐照强度、EUT 状态、极化方向、辐照位置等。

参 考 文 献

［1］ 汤仕平,张勇,万海军,等.电磁环境效应工程[M].北京:国防工业出版社,2017.

［2］ GARBE H, HANSEN D. The GTEM cell concept-Applications of this new EMC test environment to radiated emission and susceptibility measurements［C］. In: Seventh International Conference on Electromagnetic Compatibility, York, UK, IEE Conference Publications, 1990, 326: 152-156.

［3］ BOZZETTI M, CALÒ G, D'ORAZIO A, et al. Optimized design of gigahertz transverse electromagnetic cells for dosimetric experiments［J］. Radio Sciience, 2007, 42: RS3017. 1-RS3017. 12.

［4］ International Electrotechnical Commission. Electromagnetic compatibility（EMC）-Part 4-3: Testing and measurement techniques-Radiated, radio-frequency electromagnetic field immunity test: IEC 61000-4-3: 2020［S］. Geneva: IEC, 2020.

［5］ International Electrotechnical Commission. Electromagnetic compatibility（EMC）-Part 4-20: Testing and measurement techniques-Emission and immunity testing in transverse electromagnetic（TEM）waveguides: IEC 61000-4-20: 2022［S］. Geneva: IEC, 2022.

［6］ International Special Committee on Radio Interference. Specification for radio disturbance and immunity measuring apparatus and methods-Part 1-4: Radio disturbance and immunity measuring apparatus-Antennas and test sites for radiated disturbance measurements: CISPR 16-1-4: 2019［S］. Geneva: IEC, 2019.

［7］ A committee consisting of representatives of the Army, Air Force, Navy, other DoD agencies, and industry. Requirements for the control of electromagnetic interference characteristics of subsystems and equipment: MIL-STD-461G［S］. USA, 2015.

［8］ 全国电磁兼容标准化技术委员会.电磁兼容 试验和测量技术 射频电磁场辐射抗扰度试验: GB/T 17626. 3—2016［S］.北京: 中国标准出版社, 2016.

［9］ 全国无线电干扰标准化技术委员会. 无线电骚扰和抗扰度测量设备和测量方法规范 第1-4 部分:无线电骚扰和抗扰度测量设备 辐射骚扰测量天线和试验场地: GB/T 6113. 104—2021［S］.北京: 中国标准出版社, 2021.

［10］ 中国人民解放军总装备部电子信息基础部.军用设备和分系统电磁发射和敏感度要求与测量: GJB 151B—2013［S］.北京: 总装备部军标出版发行部, 2013.

［11］ 汤仕平,王桂华,张勇,等.系统电磁环境效应试验[M].北京:国防工业出版社,

2019.

［12］ International Special Committee on Radio Interference. Vehicles，boats and internal combustion engines-Radio disturbance characteristics-Limits and methods of measurement for the protection of off-board receivers：CISPR 12［S］. Geneva：IEC，2009.

［13］ 国家标准化管理委员会. 车辆、船和内燃机 无线电骚扰特性 用于保护车外接收机的限值和测量方法：GB 14023—2022［S］. 北京：中国标准出版社，2022.

［14］ 中华人民共和国电子工业部. 电磁兼容性测试实验室认可要求：GJB 2926-97［S］. 北京：国际科学技术工业委员会，1997.

［15］ Accredited Standards Committee C63. American national standard for methods of measurement of radio-noise emissions from low-voltage electrical and electronic equipment in the range of 9kHz to 40GHz：ANSI C63.4—2014［S］. New York：IEEE，2014.

［16］ International Special Committee on Radio Interference. Specification for radio disturbance and immunity measuring apparatus and methods-Part 2-3：Methods of measurement of disturbances and immunity-Radiated disturbance measurements：CISPR 16-2-3：2016［S］. Geneva：IEC，2016.

［17］ International Special Committee on Radio Interference. Specification for radio disturbance and immunity measuring apparatus and methods-Part 2-4：Methods of measurement of disturbances and immunity-Immunity measurements：CISPR 16-2-4［S］. Geneva：IEC，2003.

［18］ 全国无线电干扰标准化技术委员会. 无线电骚扰和抗扰度测量设备和测量方法规范 第2-3部分:无线电骚扰和抗扰度测量方法 辐射骚扰测量：GB/T 6113.203—2020［S］. 北京：中国标准出版社，2020.

［19］ 全国无线电干扰标准化技术委员会. 无线电骚扰和抗扰度测量设备和测量方法规范 第2-4部分:无线电骚扰和抗扰度测量方法 抗扰度测量：GB/T 6113.204—2008［S］. 北京：中国标准出版社，2008.

［20］ 中国人民解放军海军. 系统电磁环境效应试验方法：GJB 8848—2016［S］. 北京：国家军用标准出版发行部，2016.

［21］ 王庆国，程二威，周星，等.电波混响室理论与应用[M].北京：国防工业出版社，2013.

［22］ 范丽思，周星.电磁混响室[M].北京：国防工业出版社，2017.

［23］ International Electrotechnical Commission. Electromagnetic compatibility（EMC）-Part 4-21：Electromagnetic compatibility-Testing and measurement techniques-Reverberation chamber test methods：IEC 61000-4-21［S］. Geneva：IEC，2011.

［24］ 全国电磁兼容标准化技术委员会. 电磁兼容 试验和测量技术 混响室试验方法：GB/T 17626.21—2014［S］. 北京：中国标准出版社，2015.

［25］ RTCA Special Committee 135. Environmental conditions and test procedures for airborne equipment：RTCA DO-160G［S］.Washington：RTCA, 2010.

［26］ HU D Z , WEI G H, PAN X D, et al. Investigation of the radiation immunity testing method in reverberation chambers［J］.IEEE Transactions on Electromagnetic Compatibility, 2017, 59(6)：1791-1797.

［27］ 胡德洲, 魏光辉, 潘晓东, 等.混响室与均匀场临界辐射干扰场强等效测试方法［J］.北京理工大学学报, 2018, 38(9)：959-965.

［28］ 胡德洲, 魏光辉, 潘晓东, 等.混响室条件下临界辐射干扰场强测试的影响因素分析［J］.北京理工大学学报, 2018, 38(11)：1168-1176.

［29］ 胡德洲, 魏光辉, 潘晓东, 等.混响室与均匀场辐射敏感度测试相关性研究［J］.高电压技术, 2018, 44(1)：282-288.

［30］ 胡德洲, 魏光辉, 潘晓东, 等.混响室条件下线缆共模干扰临界辐射干扰场强测试研究［J］.电子与信息学报, 2019, 41(4)：837-844.

［31］ 胡德洲, 魏光辉, 潘晓东, 等.混响室条件下线缆差模干扰临界辐射干扰场强测试研究［J］.微波学报, 2019, 35(1)：19-23.

［32］ 魏光辉, 潘晓东, 卢新福.注入与辐照相结合的电磁辐射安全裕度试验方法［J］.高电压技术, 2012, 38(9)：2213-2220.

［33］ 潘晓东, 魏光辉, 卢新福.注入法等效替代电磁辐照法试验技术研究［J］.电波科学学报, 2013, 28(1)：97-104.

［34］ PAN X D, WEI G H, LU X F, et al. Research on wideband differential-mode current injection testing technique based on directional coupling device［J］.International Journal of Antennas and Propagation, 2015, 2014：1-13. DOI：10.1155/2014/143068.

［35］ 潘晓东, 魏光辉, 卢新福, 等.基于定向耦合装置的宽频带差模电流注入试验技术［J］.电子学报, 2014, 42(6)：1103-1109.

［36］ 卢新福, 魏光辉, 潘晓东.Use of a double differential-mode current injection method equivalent to high level illumination for susceptibility testing［J］.高电压技术, 2013, 39(10)：2431-2437.

［37］ 孙江宁, 潘晓东, 卢新福, 等.大功率高线性度的电流注入探头性能分析及研制［J］.强激光与粒子束, 2021, 33(5)：84-90.

［38］ SUN J N, PAN X D, LU X F, et al. Research on the test method of substituting bulk current injection for electromagnetic radiation in the coupling channel of parallel double lines［J］.AIP Advances, 2021, 11(5)：1-11.

［39］ 孙江宁, 潘晓东, 卢新福, 等.弱不平衡条件下平行双线耦合通道大电流注入等效替代辐照试验方法［J］.高电压技术, 2022, 48(6)：2444-2451.

［40］ 孙江宁, 潘晓东, 卢新福, 等.非屏蔽多芯线缆耦合通道大电流注入等效试验方法［J］.电波科学学报, 2022, 37(1)：23-32.

［41］ SUN J N, PAN X D, LU X F, et al. Test method of bulk current injection for high field intensity electromagnetic radiated susceptibility into shielded wire [J]. IEEE Transactions on Electromagnetic Compatibility, 2022, 64(2): 275-285.

[42] 孙江宁, 潘晓东, 卢新福, 等.屏蔽两芯线 BCI 等效替代辐照理论模型研究[J]. 强激光与粒子束, 2021, 33(7): 74-84.

[43] 周璧华, 石立华, 王建宝, 等.电磁脉冲及其工程防护 [M]. 2 版.北京: 国防工业 出版社, 2019.

[44] 陈亚洲, 万浩江, 王晓嘉.雷电回击电磁场建模与计算[M].北京: 国防工业出版 社, 2020.

[45] 全国电磁兼容标准化技术委员会.电磁兼容 试验和测量技术 浪涌(冲击)抗扰度 试验: GB/T 17626.5—2019 [S].北京: 中国标准出版社, 2019.

[46] 中国航空工业集团有限公司.系统电磁环境效应要求: GJB 1389B—2022 [S].北 京: 国家军用标准出版发行部, 2023.

[47] International Electrotechnical Commission. Electromagnetic compatibility (EMC)-Part 2-13: Environment-High-power electromagnetic (HPEM) environments-Radiated and conducted: IEC 61000-2-13[S]. Geneva: IEC, 2005.